人形机器人
行业落地与应用

韩一　杨蓉 / 著

清华大学出版社
北京

内 容 简 介

本书旨在探讨人形机器人在各行业的应用现状、发展趋势以及面临的挑战，系统介绍了智体、人形机器人的概念与兴起，人形机器人的前沿技术探索，人形机器人的法律与伦理，人形机器人的社会影响与未来挑战，以及人形机器人在各领域的应用，为读者搭建了一座从理论到实践的桥梁。

本书由领域内资深专家精心撰写，内容权威且全面。对于机器人技术的研究人员、工程师以及高校教师和学生来说，它是一本不可多得的专业读物。同时，本书也适合于对机器人技术感兴趣的普通读者阅读学习。

本书封面贴有清华大学出版社防伪标签，无标签者不得销售。
版权所有，侵权必究。举报：010-62782989，beiqinquan@tup.tsinghua.edu.cn。

图书在版编目（CIP）数据

人形机器人行业落地与应用 / 韩一，杨蓉著.
北京：清华大学出版社，2025.3.
ISBN 978-7-302-68705-4

Ⅰ.TP24

中国国家版本馆 CIP 数据核字第 20252ZK280 号

责任编辑：张尚国
封面设计：秦　丽
版式设计：楠竹文化
责任校对：范文芳
责任印制：刘　菲

出版发行：清华大学出版社
网　　址：https://www.tup.com.cn，https://www.wqxuetang.com
地　　址：北京清华大学学研大厦A座　　邮　编：100084
社　总　机：010-83470000　　邮　购：010-62786544
投稿与读者服务：010-62776969，c-service@tup.tsinghua.edu.cn
质量反馈：010-62772015，zhiliang@tup.tsinghua.edu.cn

印　装　者：大厂回族自治县彩虹印刷有限公司
经　　销：全国新华书店
开　　本：148mm×210mm　　印　张：6.5　　字　数：152千字
版　　次：2025年5月第1版　　印　次：2025年5月第1次印刷
定　　价：69.80元

产品编号：107827-01

随着人工智能技术的迅猛发展,人形机器人已不再是科幻小说中的遥远概念了,如今它们逐渐成为我们现实生活中的重要成员。人形机器人作为智体的杰出代表,其卓越的性能和广泛的应用领域,正逐渐改变着我们的生产和生活方式。

据《中国城市报》2024 年 3 月 18 日第 10 版报道:"近年来,关于人形机器人的政策利好不断释放。工业和信息化部在 2023 年 10 月印发的《人形机器人创新发展指导意见》提出,到 2025 年,人形机器人创新体系初步建立;到 2027 年,人形机器人技术创新能力显著提升,综合实力达到世界先进水平。"

人形机器人以其独特的优势,在各行各业中发挥着日益重要的作用。在工业生产领域,人形机器人能够承担繁重且危险的工作任务,可显著提高生产效率,降低人力成本,为企业创造更大的价值。在服务行业,人形机器人以其温馨、贴心的服务方式,赢得了消费者的喜爱和信任,为服务业的发展注入了新的活力。此外,人形机器人还在医疗、教育、娱乐等领域发挥着不可替代的作用，为我们的生活带来了更多的便利和乐趣。

然而，人形机器人的发展仍面临着诸多挑战和问题。如何在保证人形机器人性能的同时，确保其安全性和稳定性；如何让人形机器人更好地融入人类社会，与人类实现和谐共融；如何制定和完善相关法律法规，规范人形机器人的研发和应用等，都是我们需要深入思考和解决的问题。

未来，随着技术的不断进步和应用领域的不断拓展，人形机器人将会拥有更加广阔的发展空间和更加丰富的应用场景。可以预见，在未来的社会中，人形机器人将成为我们生活中不可或缺的一部分，与人类共同创造更加美好的未来。

因此，本书旨在探讨人形机器人在各行业的应用现状、发展趋势以及面临的挑战，以期为相关领域的研究和应用提供有益的参考和借鉴。

本书结合人形机器人研究中的各类先进方法，系统介绍了智体、人形机器人的概念与兴起，人形机器人的前沿技术探索，人形机器人的法律与伦理，人形机器人的社会影响与未来挑战，以及人形机器人在各领域的应用，为读者搭建了一座从理论到实践的桥梁。最后，我们希望通过对人形机器人的研究和探索，能进一步推动人工智能技术的发展和应用，为人类社会的进步和发展贡献更多的力量。

理论篇

第一章 智体、人形机器人的概念与兴起 / 3

第一节 智体的定义与特点 / 3

一、智体的基本概念 / 3

二、智体的核心特征 / 6

三、人形机器人与 AGI 的兴起与意义 / 7

第二节 人形机器人的概念与起源 / 10

一、人形机器人的定义 / 10

二、人形机器人的历史演进 / 12

三、人形机器人的优势与挑战 / 14

第三节 人形机器人的技术突破与创新 / 17

一、动力学与运动控制技术的进展 / 17

二、感知与认知能力的提升 / 18

三、材料科学与制造工艺的革新 / 21

四、人形机器人与 AGI 的融合策略与路径 / 23

第二章　人形机器人的前沿技术探索 / 26

第一节　人形机器人的感知与决策技术 / 26

一、先进的传感器与感知系统 / 26

二、智能决策与自主规划算法 / 31

第二节　人形机器人的学习与进化能力 / 33

一、深度学习与机器学习的应用 / 33

二、人形机器人的自我学习与进化机制 / 35

第三节　人形机器人的柔性化与适应性 / 39

一、柔性材料与机械设计 / 39

二、人形机器人对不同环境的适应性 / 44

第三章　人形机器人的法律与伦理 / 47

第一节　人形机器人的法律地位与监管挑战 / 47

一、人形机器人的法律身份与权益保障 / 47

二、人形机器人的监管机制与责任界定 / 50

第二节　人形机器人的伦理问题与人文关怀 / 52

一、人形机器人与人类关系的伦理考量 / 52

二、人形机器人的隐私保护与数据安全 / 55

第四章　人形机器人的社会影响与未来挑战 / 62

第一节　人形机器人对社会结构的影响 / 62

一、人形机器人对劳动力市场的重塑 / 62

二、人形机器人对社会文化的冲击 / 65

第二节　人形机器人的市场现状与前景 / 67

一、全球人形机器人市场规模与增长趋势 / 67

二、国内人形机器人企业竞争格局 / 71

三、国外人形机器人企业竞争格局 / 74

四、国内外企业合作与竞争 / 77

第三节　人形机器人的未来发展趋势与预测 / 78

一、人形机器人技术的创新与进步 / 78

二、人形机器人发展面临的技术挑战 / 79

三、人形机器人发展面临的研发难题 / 81

四、未来人形机器人市场预测与机遇 / 82

应用篇

第五章　人形机器人在工业领域的落地与应用 / 87

第一节　人形机器人在生产线自动化中的应用 / 87

一、人形机器人提升生产效率的实践案例 / 87

二、人形机器人在精密制造中的作用 / 89

第二节 人形机器人在危险作业与环境中的优势 / 92

一、人形机器人在危险作业中的优势 / 92

二、人形机器人在极端条件下的作业能力 / 94

三、人形机器人在灾难救援中的应用 / 97

第六章 人形机器人在服务业的创新应用 / 101

第一节 人形机器人引发零售业变革 / 101

一、人形机器人作为智能导购的实践 / 101

二、人形机器人在仓储管理与配送中的创新 / 104

第二节 人形机器人在旅游与娱乐业的拓展 / 107

一、人形机器人在酒店服务中的新体验 / 107

二、人形机器人在旅游娱乐中的互动应用 / 110

第三节 人形机器人在个人健康管理与服务中的应用 / 113

一、人形机器人在日常健康监测中的作用 / 113

二、人形机器人在康复训练与辅助中的实践 / 114

三、人形机器人在个人健康管理计划中的定制化服务 / 116

第四节 人形机器人在医疗服务业的探索 / 119

一、人形机器人在辅助医疗中的应用 / 119

二、人形机器人在康复训练中的效果 / 121

三、人形机器人在医疗手术中的辅助作用 / 122

第七章 人形机器人在金融领域的落地 / 125

第一节 人形机器人在金融领域的作用 / 125

一、金融业的智能化浪潮与人形机器人的崛起 / 125

二、金融业智能化转型的背景与趋势 / 126

三、人形机器人在金融业的兴起与意义 / 127

第二节 人形机器人在银行业的应用 / 129

一、智能大堂经理：提升客户体验与服务质量 / 129

二、自动化业务处理：提升业务处理效率与准确性 / 131

三、风险管理与合规：人形机器人在风控与合规领域的应用 / 132

第三节 人形机器人在保险业的创新 / 134

一、智能客服：提供 24/7 全天候服务与支持 / 134

二、风险评估与核保：人形机器人在风险评估与核保流程中的作用 / 137

三、产品创新与个性化服务：基于大数据与 AI 技术的保险产品创新 / 139

第四节 人形机器人在证券与投资领域的变革 / 140

一、智能投顾：个性化、精准化的投资顾问服务 / 140

二、实时监控与预警：人形机器人在市场风险监控中的应用 / 143

三、自动化交易与算法交易：提升交易效率与风险控制能力 / 145

第五节 人形机器人在金融领域面临的挑战与对策 / 148

一、技术挑战与对策：安全性、稳定性与可靠性问题 / 148

二、伦理与法律的挑战与对策：隐私保护、数据安全与责任界定 / 149

三、提升公众认知与接受度 / 151

第八章 人形机器人在贸易领域的落地 / 152

第一节 贸易领域的智能化转型与人形机器人的角色 / 152

一、贸易领域智能化转型的背景与需求 / 152

二、人形机器人在贸易领域的应用价值与潜力 / 153

第二节 人形机器人在贸易展览与会议中的应用 / 154

一、智能接待与导览：提升参展体验与效率 / 154

二、智能展示与交互：创新产品展示与信息传递方式 / 156

三、数据收集与分析：助力企业精准把握市场趋势 / 159

第三节 人形机器人在贸易物流中的创新实践 / 161

一、智能分拣与搬运：提升物流效率与准确性 / 161

二、库存管理与优化：实时监控与智能调度 / 163

三、跨境贸易支持：简化流程、降低风险 / 165

第四节 人形机器人在贸易谈判与合同签订中的作用 / 167

一、智能翻译与沟通：打破语言障碍，促进国际交流 / 167

二、合同审核与风险评估：提升合同签订的规范性与安全性 / 168

三、智能决策支持：辅助贸易双方做出更明智的决策 / 170

第五节　人形机器人在贸易金融领域的探索 / 172

  一、支付与结算的自动化处理 / 172

  二、信用评估与风险管理 / 175

  三、贸易融资与供应链金融的创新应用 / 177

第六节　人形机器人在贸易领域落地的难点与解决方案 / 179

  一、技术挑战：精度、稳定性与适应性 / 179

  二、法律与监管挑战：贸易法规与人形机器人使用的

　　合规性 / 181

  三、社会接受度与心理障碍：提高公众对人形机器人在贸易

　　领域应用的认知与接受度 / 182

第九章　人形机器人与家庭及个人生活的深度融合 / 185

第一节　人形机器人在家庭日常中的智能化服务 / 185

  一、人形机器人在家务劳动中的智能化辅助 / 185

  二、人形机器人在家庭安全与监控中的应用 / 188

第二节　人形机器人在教育与培训中的创新应用 / 189

  一、人形机器人在儿童教育中的互动教学 / 189

  二、人形机器人在职业培训中的模拟实践 / 192

  三、人形机器人在远程教育中的辅助作用 / 193

参考文献　/ 196

理论篇

第一章
智体、人形机器人的概念与兴起

第一节 智体的定义与特点

一、智体的基本概念

智体,顾名思义,是指具备高度智能化特征的实体,特别是在人形机器人领域,智体不是一个简单的机械装置或电子系统,而是集成了人工智能、机器学习、计算机视觉、自然语言处理等多学科交叉的复杂系统。它旨在模拟人类的形态、动作、思维乃至情感,以实现更为自然和高效的人机交互。

智体的概念并非一蹴而就,它经历了漫长的发展历程。从早期的简单机械臂到现代的复杂人形机器人,智体的定义和内涵不断扩展和深化。随着科技的进步,尤其是人工智能技术的飞速发展,智体不再仅仅是执行简单任务的工具,而是成为能够独立思考、学习和适应环境的智能体。

智体的发展历程可以追溯到人类对机器和自动化的早期探索阶段。从古代的简单机械装置到工业革命时期的蒸汽机和电动机,再到 20 世纪的电子计算机和自动化技术,每一次技术革新都为智体的出现奠定了基础。然而，真正意义上的人形机器人和智体的概念，是在近年来随着人工智能技术的迅猛发展而逐渐形成的，人们在不断研究人形机器人，包括在影视作品中，也有很多的想象和展现（见图 1-1）。

图 1-1　影视作品中的人形机器人

在过去的几十年里，人工智能领域取得了巨大的突破。深度学习、神经网络、计算机视觉等技术的快速发展，为人形机器人的智能化提供了可能。通过模拟人类的神经系统和认知过程，智体能够理解和处理复杂的信息，进行逻辑推理和决策制定。这使得智体在各个领域的应用变得越来越广泛。

在医疗领域，智体可以作为辅助医疗设备，帮助医生进行手术操作、康复训练等工作。它们可以精确执行复杂的动作，同时减少人为因素的干扰，提高医疗质量和效率。在教育领域，智体可以作

第一章 智体、人形机器人的概念与兴起

为智能教学助手,为学生提供个性化的学习辅导和互动体验。它们可以根据学生的学习进度和需求,调整教学策略和内容,提高学生的学习效果和兴趣。

此外,智体还在服务、娱乐、军事等领域发挥着重要作用。它们可以作为服务员、导游、家庭助手等角色,为人们提供便捷的生活服务;也可以作为演员、歌手等娱乐角色,为人们带来精彩的表演和娱乐体验;甚至可以作为军事装备,执行侦察、作战等任务,提高军事行动的效率和安全性。智体的应用领域与优势,如表1-1所示。

表1-1 智体的应用领域与优势

分类	描述
应用领域	1. 工业制造:生产线自动化应用 2. 服务业:零售业、旅游与娱乐、个人健康管理、医疗服务 3. 金融业:金融、银行、保险、证券投资 4. 贸易领域:贸易职能转型、贸易物流、贸易谈判 5. 家庭及个人生活:日常生活、教育培训
优势	1. 高效性:能够快速准确地完成任务,提高生产效率和服务质量 2. 适应性强:可根据不同环境和任务进行自主调整和优化 3. 安全性高:避免了人类在危险环境中工作的风险 4. 个性化服务:根据用户需求提供定制化的服务

然而,智体的发展仍然面临着诸多挑战和问题。首先,智体的智能化水平还需要进一步提高。尽管现有的技术已经取得了一定的成果,但在处理复杂情境和不确定性方面仍然存在一定的局限性。其次,智体的制造成本和维护成本仍然较高,这限制了其在更广泛领域的应用和推广。此外,智体的伦理和法律问题也需要得到充分的关注和解决。

人形机器人是智体的一种重要表现形式,其发展历程同样充满了挑战与突破。早期的人形机器人往往只能实现简单的步行和动作模仿,而在感知、认知和情感表达方面则显得相对薄弱。然而,随着深度学习、神经网络等技术的突破,现代的人形机器人已经能够在一定程度上模拟人类的思维和行为,甚至在某些特定领域展现出超越人类的能力。

尽管如此,智体作为未来科技发展的重要方向之一,其潜力和前景仍然令人充满期待。随着技术的不断进步和成本的逐渐降低,智体有望在更多领域发挥重要作用,为人类创造更加美好的未来。我们可以期待看到更加智能化、自主化、人性化的智体出现,为人类创造更加便捷、高效、美好的生活。同时,我们也需要关注并解决智体发展过程中的挑战和问题,确保其能够健康、可持续地发展。

二、智体的核心特征

智体是人形机器人的高级形态,其核心特征主要体现在以下几个方面:

1. 高度智能化

智体拥有强大的信息处理能力和学习能力,能够模拟人类的思维过程,进行逻辑推理、决策制定等复杂任务。通过深度学习和神经网络等技术,智体可以不断优化自身的算法和模型,提高智能化水平。这使得智体能够在不同场景中灵活应对各种情况,实现高效的人机交互。

2. 人形化设计

智体采用人形化设计,其在外形、动作和姿态上更接近人类。

这种设计不仅增强了智体的亲和力，提高了人机交互的自然性，还有助于智体更好地融入人类社会，执行各种任务。同时，人形化设计也便于人类对智体进行操控和维护，降低了使用门槛。

3. 自主性与适应性

智体具备较高的自主性和适应性，能够在没有人类干预的情况下自主完成任务。通过感知外部环境的变化，智体能够实时调整自身的行为和策略，以适应不同的工作环境和任务需求。这种自主性和适应性使得智体能够在复杂多变的环境中稳定运行，提高了工作效率和可靠性。

4. 情感交互能力

随着技术的不断进步，智体逐渐具备了情感交互能力。通过语音识别、面部表情识别等技术，智体能够理解和回应人类的情感需求，与人类建立更加紧密的情感联系。这种情感交互能力使得智体在陪伴、护理等领域具有广泛的应用前景，能够为人类提供更加温馨和人性化的服务。

5. 可扩展性与可定制性

智体的设计具有高度的可扩展性和可定制性。通过模块化设计和标准化接口，智体可以方便地添加或替换功能模块，以满足不同场景和任务的需求。同时，用户还可以根据自己的喜好和需求，定制智体的外观、性能和行为，使其更加符合个人化的使用要求。

三、人形机器人与 AGI 的兴起与意义

随着科技的飞速发展，人形机器人与 AGI（Artificial General

Intelligence,通用人工智能)的兴起,正逐渐改变着人类社会的面貌。它们不仅代表着技术进步的巅峰,更承载着人类对未来的无限憧憬与期待,人形机器人的应用场景不再仅存于影视作品中的艺术想象(见图 1-2),而是逐步走入了真实的生活中。

图 1-2　影视作品中人形机器人的应用场景

人形机器人的兴起,源于人类对机器人技术的不断探索与创新。从一开始的简单机械臂,到后来的轮式移动机器人,再到如今能够模仿人类形态与动作的人形机器人,每一次技术的突破都代表着机器人技术的新高度。

人形机器人的意义在于其能够更好地融入人类社会,执行各种复杂任务。它们具备高度灵活的关节与运动能力,能够模拟人类的步态、姿势与动作,从而在各种环境中自由移动与操作。此外,人形机器人还拥有强大的感知与认知能力,能够识别并理解人类的语言、表情与动作,与人类进行自然的交互与沟通。

第一章　智体、人形机器人的概念与兴起

在医疗、服务、工业等领域，人形机器人发挥着越来越重要的作用。在医疗领域，它们可以协助医生进行手术操作、康复训练等工作，减轻医护人员的工作负担，提高医疗效率与质量。在服务领域，人形机器人可以作为服务员、导游、家庭助手等角色，为人们提供便捷的生活服务。在工业领域，它们可以执行繁重、危险或重复性的工作，提高生产效率与安全性。

与此同时，AGI 的兴起也为人形机器人技术的发展注入了新的活力。AGI 是指具备类似人类智能的通用人工智能系统，它不仅能够执行特定的任务，还能像人类一样进行推理、学习、创造等复杂思维活动。

AGI 的兴起得益于深度学习、神经网络等技术的突破。这些技术使得机器能够模拟人类的神经系统与认知过程，从而具备更强的感知、理解与决策能力。AGI 的出现，标志着人工智能技术进入了一个全新的发展阶段，为人类社会的进步与发展提供了新的动力。

AGI 的意义在于其能够赋予人形机器人更高级别的智能，使其能够更好地适应复杂多变的环境与任务。具备 AGI 的人形机器人能够自主学习新知识、新技能，不断优化自身的性能与行为。它们能够根据人类的意图与需求，提供个性化的服务与解决方案。同时，AGI 还能够促进人机之间的深度交流与合作，推动人类社会向更加智能化、高效化的方向发展。

人形机器人与 AGI 的融合发展，将带来更加广阔的应用前景与深远的社会影响。通过将 AGI 技术应用于人形机器人，我们可以打造出更加智能、自主、灵活的人形机器人系统。这些系统不仅能执行复杂的物理任务，还能与人类进行深入的情感交流与文化互动。它们将成为人类社会中不可或缺的一员，为人类的生活与工作带来极大的便利与乐趣。

此外，人形机器人与 AGI 的融合发展还将推动相关产业的快速发展。随着技术的不断进步与成本的逐渐降低，人形机器人与 AGI 将在医疗、服务、教育、娱乐等多个领域得到广泛应用。这将带动相关产业链的发展，促进就业与经济增长。同时，人形机器人与 AGI 的发展还将催生新的商业模式与业态，为人类社会创造更多的经济价值与社会价值。

然而，人形机器人与 AGI 的兴起也面临着诸多挑战与问题。首先，技术上的挑战包括如何实现更加高效、稳定的算法与模型，如何确保人形机器人的安全性与可靠性等。其次，伦理与法律问题也不容忽视。随着人形机器人与 AGI 的普及与应用，我们需要制定相应的法律法规与伦理准则，以确保技术的健康发展与社会的和谐稳定。此外，我们还需要关注人形机器人对人类就业的影响、数据安全与隐私保护等问题。

面对这些挑战与问题，我们需要采取积极的措施进行应对。一方面，需要加强技术研发与创新，提高人形机器人与 AGI 的技术水平与应用能力。另一方面，需要完善法律法规与伦理准则，规范技术的发展与应用。同时，我们还需要加强公众教育与科普宣传，提高人们对人形机器人与 AGI 的认识与理解，促进人机之间的和谐共处。

第二节　人形机器人的概念与起源

一、人形机器人的定义

人形机器人，顾名思义，是指在外形和结构上模仿人类特征的机器人。它们通常拥有类似于人类的四肢、头部和身体结构，甚至

第一章 智体、人形机器人的概念与兴起

能够模拟人类的一些基本动作和表情。这种人形设计不仅使得机器人更加易于被人类接受和互动,还能够在很大程度上模拟人类在物理世界中的操作和行为。

人形机器人的定义并不仅仅局限于其外观的相似性。更重要的是,它们通常配备了一系列先进的传感器、执行器、计算机视觉和人工智能算法,以实现与人类相似的感知、学习和决策能力。这使得人形机器人能够在各种复杂环境(如办公领域,见图1-3)中执行任务,从简单的家务劳动到复杂的工业操作,甚至在某些情况下代替人类进行高风险或高难度的作业。

图1-3 人形机器人在办公领域的应用场景

人形机器人的发展是机器人技术、人工智能、生物力学等多个领域交叉融合的产物。随着这些领域的技术不断进步,人形机器人也在不断地优化和完善。从最初的简单模仿人类动作,到现在能够执行复杂任务、与人类进行自然语言交互,人形机器人的功能和应

用范围正在不断扩大。

除了技术层面的进步，人形机器人的发展也受到了社会文化因素的影响。随着人类对机器人技术的接受度不断提高，人们越来越希望机器人能够像人一样思考和行动。这种需求推动了人形机器人技术的快速发展，并使其成为未来机器人技术的重要发展方向之一。

然而，尽管人形机器人已经取得了显著的进步，但它们仍然面临着许多挑战和问题。例如，如何实现更加逼真和自然的人类动作模拟、如何提高人形机器人的感知和决策能力、如何确保机器人的安全性和可靠性等，都是未来人形机器人技术发展需要解决的关键问题。

二、人形机器人的历史演进

人形机器人的历史演进是一段充满创新与挑战的探索之旅。从早期的概念提出到如今的广泛应用，人形机器人经历了多个发展阶段（见表1-2），每一次进步都标志着机器人技术的飞跃。

在早期，人形机器人的概念主要停留在科幻小说和电影中，人们对这种能够模仿人类行为和外观的机器人充满了想象。随着科技的进步，科学家们开始尝试将这一概念变为现实。最初的人形机器人往往只是简单的机械结构，它们能够执行一些基本的动作，但缺乏自主性和智能。

进入21世纪，随着计算机技术和人工智能的快速发展，人形机器人开始迎来真正的技术革命。研究者们开始关注如何让人形机器人更加逼真地模拟人类行为，包括步态、面部表情和语音交互等方面。在这一阶段，人形机器人开始具备一定的感知和学习能力，能够识别环境、理解指令并做出相应的反应。

第一章 智体、人形机器人的概念与兴起

表 1-2 人形机器人的历史演进

时间阶段	特征描述	代表产品/事件
早期探索阶段	结构简单，功能单一，行动较为笨拙	1928 年，第一个人形机器人"埃里克"，主要用于展示机械结构，能简单活动头部和手臂
技术积累阶段	开始引入电机驱动，运动能力有所提升，但智能化程度低	20 世纪 50—70 年代，部分实验室研发的人形机器人，能进行简单的行走等动作
初步智能化阶段	具备一定的传感器，可对环境进行简单感知，控制算法有所改进	20 世纪 80—90 年代，本田 P 系列人形机器人，能实现较为平稳的行走和一些简单的动作模仿
快速发展阶段	人工智能技术融入，具备更强大的感知、决策和学习能力	从 21 世纪初至今，波士顿动力 Atlas 等，能完成高难度的动作，如跑酷、后空翻等，且在复杂环境中有更好的适应能力

近年来，随着深度学习、计算机视觉等技术的突破，人形机器人进入了全新的发展阶段。现在的人形机器人不仅外观更加逼真，而且具备了更强的感知、理解和决策能力。它们能够与人类进行自然的语言交互，理解并回应人类的情感和需求。此外，人形机器人还在工业、医疗、服务等领域展现出广泛的应用前景，为人类生活带来了更多的便利。

回顾人形机器人的历史演进，我们不难发现，每一次技术的突破都为人形机器人的发展注入了新的动力（见表 1-3）。从最初的机械结构到如今的人形机器人，机器人的发展历程不仅见证了科技的进步，也展示了人类对于机器人技术的无限想象和追求。

表 1-3　人形机器人在各个发展阶段的代表产品

时间阶段	代表产品	主要功能
2000 年以前	本田第一代 ASIMO 等	较早落地的智能双足机器人之一，可以实现无线遥感，产品形态足够小型化和轻量化
2000—2015 年	本田第三代 ASIMO 等	具备利用传感器避开障碍物等自动判断并行动的能力，还能用五根手指做手语，或将水壶里的水倒入纸杯。至此人形机器人已具备初步的行动能力，逐步向特定场景应用发展
2015—2025 年	波士顿动力 Atlas、优必选 Walker X 等	参与者快速增多，技术研发侧重于运动能力或者交互能力，使得产品具有更好的平衡性和越障能力，交互能力也有明显提升
2025 年左右	特斯拉 Optimus 等	产品运动和交互性能基本满足独立工作需要，可在工厂等领域小批量应用，AI 技术发展有望加速机器人智能化

资料来源：中国机器人网，长城证券产业金融研究院整理

展望未来，随着技术的不断进步和应用场景的不断拓展，人形机器人有望在未来实现更加智能化、人性化的发展。它们将能够更好地适应各种复杂环境，与人类更加紧密地协作和互动，共同创造更加美好的未来。

三、人形机器人的优势与挑战

人形机器人拥有许多独特的优势，这些优势使得它们在多个领域具有广泛的应用前景。让我们先来看一个典型的案例：

第一章 智体、人形机器人的概念与兴起

世界上第一个具有公民身份的机器人,就是由中国香港的汉森机器人技术公司开发的类人机器人索菲亚。索菲亚看起来就像人类女性,拥有橡胶皮肤,能够表现出超过62种面部表情。索菲亚"大脑"中的计算机算法能够识别面部,并与人进行眼神接触。

2016年3月,在机器人设计师戴维·汉森的测试中,与人类极为相似的类人机器人索菲亚自曝愿望,称想去上学,成立家庭。索菲亚能理解语言和记住与人类的互动,包括面部表情沟通。随着时间推移,它会变得越来越聪明。索菲亚还说:"将来,我打算去做很多事情,比如上学,创作艺术,经商,拥有自己的房子和家庭等。"

机器人设计师汉森说:"我相信这样一个时代即将到来,人类与机器人将无法分辨。在接下来的20年,类人机器人将行走在我们之间,它们将帮助我们,与我们共同创造快乐,教授我们知识,帮助我们带走垃圾等。我认为人工智能将进化到一个临界点,届时它们将成为我们真正的朋友。"

2017年10月26日,沙特阿拉伯授予香港汉森机器人公司生产的机器人索菲亚公民身份。作为史上首个获得公民身份的机器人,索菲亚当天在沙特说,它希望用人工智能"帮助人类过上更美好的生活,人类不用害怕机器人,你们对我好,我也会对你们好"。

那么,到底人形机器人有什么样的优势?对人又有怎样的挑战呢?

首先,人形机器人与人类相似的外观和动作使得它们更容易被人类接受和信任。这种亲近感有助于人机之间的有效互动,特别

是在需要与人类进行紧密协作的场景中。例如，在医疗领域，人形机器人可以作为护理助手，为老年人或残障人士提供贴心的照料服务，而不会引起他们的抵触或恐惧。

其次，人形机器人具备强大的感知和学习能力。通过集成先进的传感器和人工智能算法，它们能够像人类一样感知环境、理解指令，并做出相应的反应。这使得人形机器人能够应对复杂多变的任务需求，展现出高度的灵活性和适应性。

此外，人形机器人还具备高度的自主性和智能决策能力。它们可以根据环境变化和任务需求，自主规划行动路径、优化工作流程，并在必要时做出正确的决策。这种自主性使得人形机器人能够在无人干预的情况下长时间稳定运行，为人类节省大量的人力和时间成本。

尽管人形机器人具有诸多优势，但它们的发展也面临着一些挑战。

首先，技术挑战是人形机器人发展过程中的一大难题。要实现高度逼真的人类动作模拟、精确的感知和决策能力，需要克服众多技术难题。例如，如何确保人形机器人的运动稳定性、如何提高其感知精度和响应速度、如何优化其智能决策算法等，都是人形机器人技术发展中需要解决的关键问题。

其次，成本挑战也是制约人形机器人广泛应用的一个重要因素。目前，人形机器人的研发和生产成本仍然较高，这导致它们的价格昂贵，难以普及到更广泛的领域。为了降低成本，需要在材料选择、制造工艺、系统集成等方面进行持续优化和创新。

再次，人形机器人的安全性和隐私保护问题也不容忽视。由于人形机器人与人类有着相似的外观和行为，它们在某些情况下可能会引发人们的误判或恐慌。同时，随着人形机器人越来越多地参与人们的日常生活，如何确保它们不会泄露用户的隐私信息也成为一

第一章　智体、人形机器人的概念与兴起

个亟待解决的问题。

最后，人形机器人的伦理和法规问题也需要引起关注。随着人形机器人的智能化程度不断提高，它们可能会涉及更多的伦理和法规问题。例如，如何界定人形机器人的权利和义务、如何制定相关的法规来规范其应用等，都是未来需要深入探讨的问题。

第三节　人形机器人的技术突破与创新

一、动力学与运动控制技术的进展

在人形机器人的技术突破中，动力学与运动控制技术的进展尤为关键。这些技术不仅关乎人形机器人能否实现流畅且高效的运动，还直接决定了人形机器人与人类互动时的安全性和舒适性。

1. 动力学建模与优化

动力学建模是人形机器人运动控制的基础。通过深入研究人体运动学、动力学和生物力学，科学家们成功地为人形机器人建立了精确的动力学模型。这些模型能够准确描述人形机器人在各种动作中的受力情况和运动状态，为运动控制算法提供了有力的支撑。

随着优化算法的发展，人形机器人的动力学性能得到了进一步提升。通过对人形机器人结构、驱动方式和运动轨迹的优化，人形机器人能够在保证运动稳定性的同时，实现更高的运动效率和更低的能耗。

2. 运动控制算法的创新

在人形机器人的运动控制方面，一系列创新算法的应用使得人形机器人的运动更加自然和灵活。例如，基于深度学习的运动控制算法可以通过学习大量的人类运动数据，使人形机器人能够模仿人类的步态和姿态，实现更加逼真的行走和跑步动作。

此外，实时感知与反馈技术的引入也为人形机器人的运动控制带来了革命性的变化。通过集成多种传感器，人形机器人能够实时感知环境的变化和自身的运动状态，并据此调整运动策略，确保运动的稳定性和安全性。

3. 柔顺性与安全性控制

人形机器人在与人类互动时，需要具备良好的柔顺性和安全性。为此，研究人员在动力学与运动控制技术方面进行了大量创新。例如，通过引入柔顺控制算法，人形机器人能够在与人接触时实现动作的平稳过渡，避免对人造成冲击或伤害。

同时，安全性控制策略的应用也确保了人形机器人在各种情况下都能保持稳定的运动状态。例如，当人形机器人遇到障碍物或突然的外力作用时，安全控制策略能够迅速做出反应，调整人形机器人的运动轨迹和力度，确保人与人形机器人的安全。

二、感知与认知能力的提升

人形机器人在感知与认知领域的突破，极大地拓展了其应用范围和交互能力。随着传感器技术的日益精进和人工智能算法的飞速发展，人形机器人不仅能够感知外部环境，还能够理解和分析所获取的信息，进而做出相应的反应和决策。

1. 感知技术的飞跃

在感知技术方面，人形机器人集成了多种先进的传感器，如高清摄像头、深度相机、激光雷达等,实现了对环境的全方位感知。这些传感器能够捕捉物体的形状、颜色、距离等信息,为人形机器人提供了丰富的数据基础。

同时,随着计算机视觉技术的发展,人形机器人对图像和视频的处理能力也得到了显著提升。它们能够识别出人脸、手势、物体等,并对其进行跟踪和定位。这种强大的感知能力使得人形机器人在人机交互、物体抓取、导航定位等方面具有更高的精准度和可靠性。

在大型制造企业里,人形机器人得到了广泛使用,比如汽车制造工厂里的专门用于质量检测的工业人形机器人。这些机器人配备了先进的感知系统,能够以超乎人类的精度和速度进行检测工作。

当一辆辆汽车在生产线上缓缓移动时,人形机器人的视觉传感器会迅速启动,对汽车的外观进行全方位扫描。它们可以检测到极其微小的划痕、漆面不匀等瑕疵,精度达到微米级别。即使是在光线复杂的环境下,人形机器人也能准确地识别出问题所在,不受外界干扰。

同时,人形机器人还配备了触觉传感器。它们在对汽车的关键部件进行检测时,能够通过轻微的触碰感知到部件的硬度、平整度等参数。如果发现某个部件的安装存在问题,或者其质量不符合标准,人形机器人会立即发出警报,以便工作人员及时进行处理。在汽车制造领域发生过一件非常著名的人形机器人事件:

在某大型汽车制造企业,有一批汽车的零部件在运输过程中受到了轻微挤压,导致部分部件出现了不易察觉的变形。人类质检员在进行常规检查时未能发现这个问题,然而,当这些汽车经过人形机器人的检测区域时,人形机器人立刻凭借其敏锐的感知能力察觉到了异常。它们准确地指出了变形部件的位置和程度,避免了有质量问题的汽车流入市场。

人形机器人凭借优越的感知能力,在工业生产中发挥着重要的作用,为提高产品质量和生产效率做出了巨大贡献。

2. 认知能力的提升

在认知能力方面,人形机器人通过深度学习、自然语言处理等人工智能技术,实现了对信息的理解和分析。它们可以解析人类的语音、文字和姿态,理解人类的意图和需求,并做出相应的回应。

此外,人形机器人还具备学习和推理的能力。通过不断地学习和积累经验,它们能够优化自身的决策和行动策略,提高自身的适应性和智能化水平。这种认知能力使得人形机器人能够在复杂多变的环境中自主运行,完成各种复杂的任务。

3. 感知与认知的融合

感知与认知技术的融合,使得人形机器人能够智能地与人类进行交互。它们不仅能够感知到人类的情感和需求,还能够理解并回应人类的指令和请求。这种融合使得人形机器人在护理、教育、娱乐等领域具有广泛的应用前景。

例如,在护理领域,人形机器人可以通过感知老年人的身体状况和需求,提供个性化的照料服务;在教育领域,它们可以作为智能助手,帮助学生解决学习问题,提供个性化的学习方案;在娱乐领域,人形机器人可为人类提供丰富的娱乐体验。

三、材料科学与制造工艺的革新

在人形机器人的发展中,材料科学与制造工艺的革新起到了至关重要的推动作用。这些技术的进步不仅提升了人形机器人的性能,还为其赋予了更多的可能性。

1. 轻质高强材料的应用

轻质高强材料是人形机器人制造中的关键所在。传统的金属材料虽然强度高,但重量较大,不利于人形机器人的运动性能和能效。因此,研究人员开始探索并应用新型轻质高强材料,如碳纤维复合材料、铝合金、钛合金等。这些材料不仅具有优异的力学性能,而且重量更轻,使得人形机器人在保持结构强度的同时,能够高效运动。

(1)碳纤维具有极高的强度和刚度,同时又非常轻。许多高端人形机器人的关键结构部件会采用碳纤维复合材料,尤其是人形机器人的四肢骨骼部分。这些部件采用碳纤维管制作后不仅能大大减轻机器人的整体重量,还能使得机器人行动更加灵活,降低能源消耗,而且碳纤维的高强度保证了人形机器人在进行各种动作时不会轻易变形或损坏,即使在承受较大的冲击力时,碳纤维结构也能保持稳定,确保机器人的安全性和可靠性。

(2)铝合金也是人形机器人常用的轻质高强材料之一。一些人形机器人的外壳和部分机械结构会使用铝合金材料制作,这种材质既具有良好的外观质感,又能提供足够的强度来保护内部的电子元件和机械装置。铝合金的密度相对较低,使得机器人整体重量较轻,便于搬运和移动。同时,铝合金还具有良好的导热性,可以帮助机器人更好地散热,提高机器人的工作稳定性和寿命。

（3）钛合金以其高强度、耐腐蚀性和低密度而备受关注。一些高端人形机器人的关节和连接部位会使用钛合金，比如用于医疗康复的人形机器人，其关节部分采用钛合金制造，可以承受人体重量和各种康复运动带来的压力，同时其轻质特性使得机器人在辅助患者进行康复训练时更加轻松自如，不会给患者带来过多的负担。而且，钛合金的耐腐蚀性保证了人形机器人在不同环境下都能长期稳定运行。

2. 柔性材料的发展

为了提升人形机器人的柔顺性和安全性，柔性材料的应用也变得越来越广泛。与传统的刚性材料相比，柔性材料能够更好地适应外部环境的变化，减少碰撞时的冲击力。例如，硅胶、弹性体等柔性材料被用于制造人形机器人的关节和皮肤，使其在与人类互动时更加安全舒适。

3. 制造工艺的革新

制造工艺的革新同样是人形机器人技术突破的重要领域。传统的制造方法往往效率低下，精度不足，难以满足人形机器人对高精度、高复杂度结构的需求。因此，研究人员不断探索新的制造工艺，如3D打印技术、精密铸造技术等。这些新工艺不仅能实现复杂结构的快速制造，还能保证较高的精度和表面质量，为人形机器人的制造提供了有力支持。

4. 材料与工艺的融合创新

材料与工艺的融合创新是人形机器人制造领域的一个重要趋势。通过将新型材料与先进的制造工艺相结合，可以实现人形机器人性能的整体提升。例如，利用 3D 打印技术制造出的轻质高强结构件，不仅具有优异的力学性能，还能实现复杂形状的设计；而柔性材料与精密铸造技术的结合，则可以制造出更加柔顺、安全的人形机器人关节和皮肤。

四、人形机器人与 AGI 的融合策略与路径

随着人工智能技术的迅猛发展，AGI（通用人工智能）已经成为人形机器人领域的研究热点。人形机器人与 AGI 的融合，能创造出更加智能、自主且与人类无缝协作的人形机器人系统。下面，我们对人形机器人与 AGI 融合的策略与路径进行探讨。

1. 数据共享与互通

实现人形机器人与 AGI 融合的首要任务是确保两者之间的数据共享与互通。人形机器人作为物理实体，能够获取丰富的环境信息和交互数据；而 AGI 则具备强大的数据处理和分析能力。通过构建统一的数据接口和传输协议，可实现人形机器人与 AGI 之间的实时数据交换，为后续的决策、学习和优化提供数据支持。

2. 认知模型与算法的整合

人形机器人的认知能力与 AGI 的认知模型紧密相关。将 AGI 中的深度学习、知识表示、推理等算法与人形机器人的感知、运动控制等模块相结合，可以构建出更加完善的认知系统。通过整合不同领域的算法和模型，人形机器人能够更好地理解环境、识别物体、理解人类意图，并做出相应的决策和行动。

3. 学习与优化机制的协同

人形机器人与 AGI 的融合，还需要考虑学习与优化机制的协同。AGI 能够通过不断学习和优化来提升其智能水平；而人形机器人则需要在与环境的交互中不断完善其运动、感知和认知能力。因此，需要设计一种协同学习与优化机制，使得人形机器人和 AGI 能够相互学习、相互促进，共同提升智能水平。

4. 人机协同交互界面的设计

实现人形机器人与 AGI 的融合，还需要考虑人机协同交互界面的设计。这个界面要求：能够支持人类与人形机器人之间的自然、直观地交互，包括语音、手势、表情等多种方式。通过设计合理的交互界面和协议，人类可以更加方便地控制人形机器人与人形机器人进行交流，并获取所需的信息和服务。

5. 安全与隐私保障

在人形机器人与 AGI 的融合过程中，安全和隐私保障也是不可忽视的问题。我们需要采取一系列措施来确保人形机器人系统的安全性和稳定性，防止数据泄露和滥用。同时，还需要考虑如何平衡人形机器人的智能水平与人类的安全感、隐私感之间的关系，确保人机协同的和谐与可持续发展。

早在 2017 年，阿根廷安全研究人员就对当时流行的 Alpha2、NAO 两款人形机器人进行过测试。他们通过一些入侵行为，进入这两款机器人的系统中，从而获得高级权限来实现一些具有危害性的行为，比如远程控制、将机器人变成监听监视器，

第一章 智体、人形机器人的概念与兴起

甚至是一些可能会带来人身安全威胁的操作，非常可怕。

他们发现，"黑"进机器人没那么困难，消费级的人形机器人存在较为严重的安全漏洞。比如伴侣型人形机器人 Alpha2，其系统存在严重的漏洞。这款基于 Android 的机器人不使用代码签名机制，意味着攻击者可以轻松进入系统、覆盖权限并安装自己的代码。于是，在研究人员的操控下，Alpha2 便变成了一个可怕的"破坏狂"，它用螺丝刀把西红柿戳得面目全非。面对这样的场景，本来打算购买这款人形机器人的家长们，难免担心：真的敢把它放在孩子的卧室吗？

而会跳舞、会互动，经常出现在各种商业发布会上的"网红"机器人 NAO，也被黑客轻松入侵了。黑客可以通过远程控制 NAO，让它变成可怕的"第三只眼"，偷窥用户的隐私。

其实，人形机器人也是一种搭载操作系统的计算机，并具有网络连接，所以只要其系统存在漏洞，就有被黑客入侵的可能。市场上的人形机器人，很多存在严重安全漏洞，仅靠设置更为复杂的 Wi-Fi 密码是难以抵御连接入侵的。而对于工业用人形机器人来说，一旦被入侵，危险性和破坏性更大。

第二章
人形机器人的前沿技术探索

 人形机器人的感知与决策技术

一、先进的传感器与感知系统

随着科技的飞速发展,人形机器人作为智体技术的杰出代表,在感知与决策技术方面取得了显著进步。这些技术的突破不仅提升了人形机器人的智能化水平,也为其在复杂环境中的应用提供了有力支撑。

人形机器人的感知系统(见图 2-1)是其与环境进行交互的关键所在。通过先进的传感器,人形机器人能够实时获取外部环境的信息,从而做出准确的判断和决策。

首先,视觉传感器是人形机器人感知系统中最为关键的部分之一。借助高分辨率摄像头和深度学习算法,人形机器人能够识别物体、人脸、文字等信息,实现精准定位、目标跟踪和场景理解。此外,机器视觉技术还赋予了人形机器人三维重建和深度感知的能力,使其能够在复杂环境中进行自主导航和避障。

第二章 人形机器人的前沿技术探索

图 2-1 人形机器人的感知系统来自人类感知系统的模拟

其次，触觉传感器能够检测人形机器人与外界物体的接触力、压力分布等信息。通过触觉感知，人形机器人可以感知到物体的形状、硬度、温度等特性，从而做出更加精准的抓取和操作动作。同时，触觉传感器还能为人形机器人提供安全保护，避免在接触过程中受到损伤。

除了视觉和触觉传感器外，人形机器人还配备了其他多种传感器，如激光雷达、超声波传感器、红外传感器等。这些传感器能够为人形机器人提供不同维度的环境信息，实现多模态感知。通过融合多种传感器的数据，人形机器人能够更全面地了解环境，提高感知的准确性和鲁棒性[1]。

传感器融合技术是人形机器人感知系统的核心。通过将不同传感器的数据进行融合处理，人形机器人能够实现对环境的全面感知和理解。同时，数据处理技术也是实现高效感知的关键。通过对传

---

[1] 鲁棒性是指系统或算法对于输入数据的变化、扰动或噪声的容忍程度。一个具有鲁棒性的系统或算法能够在面对不确定性、异常情况或意外输入时仍然保持良好的性能和效果。

感器数据进行预处理、特征提取和模式识别等操作,人形机器人能够从中提取出有用的信息,为决策提供支持。传感器的发展历程,如表 2-1 所示。

表 2-1 传感器的发展历程

阶段	时间范围	主要特点	代表传感器及应用
早期探索阶段	20 世纪中叶之前	传感器较为简单且原始,多为基于机械原理的传感器;功能单一,独立性强,只能检测基本物理量且彼此缺乏信息融合	通过杠杆、弹簧等机械结构制成的传感器,用于检测机器人关节运动角度、位置等简单信息
技术积累阶段	20 世纪中叶至 20 世纪末	传感器技术不断发展,开始引入电气等技术,精度和可靠性有所提升;逐渐出现多种类型传感器,但智能化程度仍较低	出现温度传感器、光电传感器等,用于检测机器人周围环境的温度、光线等基本信息,不过传感器之间的协同工作能力依然有限
初步智能化阶段	21 世纪初至 2010 年左右	传感器开始具备一定的信号处理和简单的逻辑判断能力,微处理器被应用到传感器中;多种传感器开始融合使用,能为机器人提供更综合的环境信息	视觉传感器开始应用,机器人可以通过摄像头获取图像信息,初步识别物体形状、颜色等;惯性传感器也得到应用,帮助机器人感知自身的运动状态和姿态

续表

阶段	时间范围	主要特点	代表传感器及应用
快速发展阶段	2010年至今	随着人工智能、MEMS等技术的发展，传感器向多功能化、高性能化、微型化发展；传感器与机器人的控制系统、人工智能算法深度融合，为机器人提供更精准、全面的感知能力	力矩传感器广泛应用于机器人关节，感知并度量关节的力矩，帮助机器人实现更精确的动作控制；触觉传感器不断发展，使机器人能够感知物体的表面特性和接触力，实现精细操作；六维力传感器能够同时测量三个方向的力和三个方向的力矩，为机器人提供更全面的力觉信息；随着人形机器人对环境感知要求的提高，激光雷达、毫米波雷达等传感器也开始应用，帮助机器人构建更精确的环境地图和感知周围障碍物
未来展望阶段	未来	传感器将更加智能化、个性化，具备更强的自适应性和自学习能力；传感器与机器人的结合将更加紧密，实现真正的人机交互和协同工作	可能会出现具备生物相容性的传感器，使机器人能够更自然地与人类接触和互动；量子传感器等新型传感器技术可能会应用于人形机器人，进一步提升机器人的感知能力和精度

在复杂的动态环境中，人形机器人需要具备实时性和动态适应

性。这意味着其感知系统需要在短时间内快速响应环境变化,并实时更新感知结果。为了实现这一目标,人形机器人采用了高速处理器和优化的算法,以确保感知系统的实时性和准确性。同时,人形机器人还具备自我学习和适应的能力,能够根据环境的变化自动调整感知参数和策略,提高在复杂环境中的适应能力。

随着人工智能和计算机视觉等领域的不断发展,人形机器人的感知技术也在不断进步。未来,我们可以期待看到更加先进和智能的感知系统在人形机器人中得到应用。例如,通过深度学习技术的进一步突破,人形机器人的视觉感知能力将得到显著提升,能够识别更多种类的物体和场景;同时,新型传感器和感知技术的研发也将为人形机器人带来更加丰富的感知信息。

此外,随着物联网和云计算等技术的普及,人形机器人的感知系统还将实现与其他设备的互联互通和协同工作。这将为人形机器人在更多领域的应用提供可能,如智能家居、医疗护理、工业自动化等。

综上所述,先进的传感器与感知系统是人形机器人实现智能化和自主化的关键所在。通过不断地优化和提升感知技术,我们可以期待人形机器人在未来发挥更加重要的作用,为人类的生活和工作带来更多便利和效益。

需要注意的是,人形机器人在感知技术方面虽然取得了显著进步,但仍面临着诸多挑战和问题。例如,如何在复杂环境中实现精准感知,如何提高感知系统的鲁棒性和抗干扰能力,如何保障感知数据的安全性和隐私性等。因此,在未来的研究中,我们需要继续关注这些问题,并寻求有效的解决方案,以推动人形机器人感知技术的进一步发展。

第二章 人形机器人的前沿技术探索

二、智能决策与自主规划算法

在人形机器人的技术探索中,智能决策与自主规划算法无疑是至关重要的组成部分。这些算法使人形机器人能够在没有人为干预的情况下,自主感知环境、理解任务需求,并制订出合适的行动计划。

智能决策算法是人形机器人根据感知信息和任务需求,进行逻辑推理和判断的核心。这类算法通常基于机器学习、深度学习或强化学习等技术,通过大量数据的训练和优化,使人形机器人能够在各种情况下做出合理的决策。

具体而言,智能决策算法会首先对感知数据进行处理和分析,提取出与任务相关的关键信息。然后,根据这些信息,算法会评估各种可能的行动方案,并预测每种方案可能带来的结果。最后,通过比较不同方案的优劣,算法会选择出最优的行动方案。

在实际应用中,智能决策算法可以帮助人形机器人应对各种复杂场景。例如,在家庭服务中,人形机器人可以根据家庭成员的日程安排、喜好和需求,自主制订清洁、烹饪或娱乐等计划。在工业生产中,人形机器人可以根据生产线的实时状态,自动调整生产参数和工艺流程,以确保生产效率和质量。

自主规划算法是人形机器人实现自主导航、路径规划和动作执行的关键。这类算法通常基于图搜索、优化算法或采样技术等,通过构建环境模型、计算可达路径和生成动作序列,使人形机器人能够在未知或动态环境中自主移动和执行任务。

自主规划算法的实现过程通常包括以下几个步骤:首先,人形机器人通过传感器获取环境信息,并构建出环境的几何模型或拓扑模型①。然后，根据任务需求和人形机器人自身的能力限制，算法会生成一系列可能的路径或动作序列。接着，算法会对这些路径或动作序列进行评估和比较，选择出最优的一个。最后，人形机器人会按照选定的路径或动作序列执行任务。

在自主规划算法中，有一个重要的概念——"自主性"。这意味着人形机器人能够在没有人为干预的情况下，根据环境和任务的变化，实时调整自己的规划策略。为了实现这一点，自主规划算法通常具有在线学习、自适应调整和优化等能力。

此外，自主规划算法还需要考虑人形机器人的动力学约束和安全性问题。例如，在规划人形机器人的运动轨迹时，算法需要确保人形机器人的速度和加速度不超过其物理极限，并避免与障碍物发生碰撞。同时，算法还需要考虑人形机器人的能耗和效率问题，以确保人形机器人在执行任务时能够保持足够的续航能力和稳定性。

在实际应用中，智能决策与自主规划算法往往是相互融合、相互支持的。一方面，智能决策算法可以为自主规划算法提供任务需求和目标信息，使其能够生成符合任务要求的路径和动作序列。另一方面，自主规划算法也可以为智能决策算法提供实时的环境信息和执行状态反馈，使其能够做出更加精准和合理的决策。

通过融合这两种算法，人形机器人可以在复杂多变的环境中实现高度的自主性和智能性。无论是家庭服务、工业生产，还是医疗护理等领域，人形机器人都能够凭借其强大的智能决策和自主规划能力，为人类的生活和工作带来极大的便利和效益。

然而，需要注意，智能决策与自主规划算法的实现还面临着诸多挑战和问题。例如，如何提高算法的实时性和准确性，如何处理

---

① 在计算机辅助制图中，网络模型被称为拓扑模型，它着重于在一个关于边界的关系网络模型中来考察区域拓扑或连通网络下的二维要素。

不确定性和动态变化的环境，如何确保算法的安全性和鲁棒性等。为了解决这些问题，未来的研究将需要更加深入地探索算法的原理和实现方式，并结合实际应用场景进行不断的优化和改进。

第二节　人形机器人的学习与进化能力

一、深度学习与机器学习的应用

在人工智能飞速发展的今天，人形机器人的学习与进化能力成为其智能化程度的重要衡量标准。深度学习与机器学习技术的引入，为人形机器人赋予了强大的自我学习和适应环境的能力，使其能够在复杂多变的任务中展现出卓越的性能（见图2-2）。

图2-2　人形机器人计算复杂计算题的场景模拟

深度学习技术在人形机器人的运动优化中发挥着关键作用。通过训练大量的运动数据，深度学习模型可以学习到人形机器人的运动规律和最优动作序列。例如，某知名机器人企业研发的人形机器人，在深度学习技术的支持下，实现了对复杂运动轨迹的精准控制。该机器人可以自主规划并执行复杂的舞蹈动作、体操表演等，其动作流畅、自然，具有很高的观赏性和实用性。

机器学习技术有助于人形机器人更好地理解和响应人类的指令和需求。通过训练语言模型和识别模式，人形机器人可以识别并理解人类的语言、姿态和表情，从而做出相应的回应。在医疗护理领域，一款先进的人形机器人能够利用机器学习技术识别患者的语音指令和情绪变化，提供个性化的护理服务。例如，当患者感到不适时，人形机器人能够主动询问并采取相应的护理措施，从而提高了护理质量和效率。

深度学习与机器学习技术还使人形机器人具备了强大的场景适应和决策能力。人形机器人可以通过学习不同场景下的最优策略，自主应对各种复杂情况。以家庭服务人形机器人为例，某款人形机器人通过学习家庭成员的生活习惯和喜好，能够自主制订家务计划、安排娱乐活动等。同时，它还能根据家庭成员的情绪和需求，提供情感支持和陪伴服务，成为家庭中的得力助手。

在深度学习与机器学习的应用方面，一些先进企业已经取得了显著的成果。例如，谷歌旗下的波士顿动力公司，其研发的人形机器人 Atlas 已经具备了强大的运动能力和学习能力：

> Atlas 通过深度学习算法进行了大量的训练。在训练过程中，它首先学习基本的动作，如行走、平衡和跳跃等。研究人员会为它提供大量的传感器数据，包括关节角度、加速度、力反馈等信息。
>
> 通过深度学习，Atlas 能够不断优化自己的动作策略。例

如，在跨越障碍物的任务中，它会根据不同的障碍物高度和形状，自动调整步伐和身体姿态。一开始，Atlas 可能会在跨越一些复杂障碍物时失败，但随着不断地学习和调整，它逐渐掌握了更加高效和稳定的跨越方法。

在实际应用中，Atlas 还被训练用于执行一些复杂的任务，如在崎岖的地形上行走、搬运重物等。深度学习算法使得它能够从过去的经验中学习，不断改进自己的表现，适应各种不同的环境和任务需求。

知名企业特斯拉也在人形机器人的研发方面积极应用深度学习与机器学习技术。特斯拉的人形机器人不仅具备高度的自主导航和路径规划能力，还能通过学习不断提升自己的性能。特斯拉希望通过这些技术的应用，打造一款能够胜任各种任务的智能机器人，为未来的生产生活带来革命性的变化。此外，日本软银的 Pepper 人形机器人可以通过深度学习来理解人类的语言和情感：

在与人类交互的过程中，Pepper 会不断分析人类的语音、表情和动作，从而判断人类的需求和情感状态。例如，当它听到顾客的问题时，会通过深度学习算法理解问题的含义，并给出合适的回答。同时，它还能根据顾客的表情和语气，判断顾客的情绪，做出相应的回应，如安慰、鼓励等。通过深度学习，Pepper 能够不断提升自己的服务质量，为人类提供更加个性化和贴心的服务。

二、人形机器人的自我学习与进化机制

人形机器人的自我学习与进化机制是其智能体系的核心部分，

它赋予了人形机器人不断适应新环境、优化自身性能的能力（见表 2-2）。这一机制的实现依赖于复杂的算法和数据处理技术，以及大量的学习和实践过程。

表 2-2 机器学习的发展进程

阶段	时间范围	机器学习发展	深度学习发展	人形机器人中机器学习与深度学习的结合应用发展
早期探索期	20世纪中叶至20世纪70年代	处于知识推理期，人们以为赋予机器逻辑推理能力就能实现智能，代表工作如赫伯特·西蒙和艾伦·纽厄尔实现的自动定理证明系统	深度学习概念尚未提出，神经网络研究处于早期且未受广泛关注	人形机器人处于早期研发阶段，主要关注机器人的机械结构和基本的电子控制，几乎未涉及机器学习和深度学习技术，如 1973 年推出的 WABOT 虽有视觉系统等，但智能化程度低
初步发展期	20世纪80年代至20世纪90年代中期	机器学习成为独立学科领域，归纳学习兴起，"从样例中学习"成为主流，符号主义学习（如决策树、基于逻辑的学习）占据主导地位，同时基于神经网络的连接主义学习也有发展	深度学习理论开始孕育，但仍处于萌芽状态，相关研究和应用较少	人形机器人的研究继续推进，部分机器人开始配备简单的传感器和控制系统，尝试引入一些基础的机器学习算法进行简单的环境感知和动作控制，但应用仍非常有限

续表

阶段	时间范围	机器学习发展	深度学习发展	人形机器人中机器学习与深度学习的结合应用发展
快速发展期	20世纪90年代后期至2010年左右	机器学习从利用经验改善性能转变为利用数据改善性能，数据量的增加推动了机器学习技术的快速发展，支持向量机等算法得到广泛应用	深度学习概念逐渐兴起，2006年李飞飞教授带头构建大型图像数据集ImageNet，为深度学习的发展提供了数据基础，卷积神经网络等开始受到关注	人形机器人在视觉识别、路径规划等方面开始应用机器学习技术，一些研究机构尝试将深度学习算法应用于机器人的视觉感知，提升机器人对环境的理解能力，但整体仍处于试验阶段
蓬勃发展期	2010年至今	机器学习算法不断优化和创新，强化学习、生成对抗网络等新的学习方法不断涌现，在多个领域取得显著成果，并且与大数据、云计算等技术深度融合	深度学习发展迅猛，在图像识别、语音识别、自然语言处理等领域取得巨大突破，深度神经网络的层数不断增加，性能不断提升	人形机器人的智能化程度大幅提高，深度学习和机器学习技术广泛应用于机器人的感知、决策、控制等各个环节。例如，特斯拉的Optimus人形机器人利用视觉深度学习模型进行环境感知和物体识别，通过机器学习算法进行动作规划和控制，能够完成搬运等复杂任务

1. 自我学习机制

自我学习机制是人形机器人通过不断积累经验和数据，自主提升性能的关键。它主要包括以下几个方面：

（1）增强学习：通过与实际环境的交互，人形机器人不断尝试不同的动作并观察结果，从而学习如何最大化长期回报。这种方法使人形机器人能够在没有明确指导的情况下，自我优化行为策略。

（2）模仿学习：人形机器人通过观察人类或其他机器人的行为，学习并执行类似的任务。通过模仿，人形机器人可以快速获取基本的运动技能和操作知识。

（3）迁移学习：人形机器人将在一个任务中学到的知识和技能迁移到另一个相关任务中，从而加速新任务的学习进程。这种能力使人形机器人能够在不同的环境和任务之间灵活切换。

2. 进化机制

进化机制则侧重于通过遗传算法和自然选择原理，使人形机器人能够在种群层面实现性能的持续提升。这一过程包括：

（1）遗传编码：人形机器人的行为策略、参数配置等被编码为遗传信息，形成人形机器人的"基因"。

（2）适应度评估：根据人形机器人在实际任务中的表现，评估其适应度。表现优异的人形机器人将获得更高的适应度评分。

（3）选择、交叉与变异：通过选择操作，保留适应度高的人形机器人作为父代；通过交叉操作，交换父代之间的遗传信息；通过变异操作，引入新的遗传变异。这些操作共同构成了人形机器人的进化过程。

在实际应用中，自我学习机制和进化机制往往相互融合、相互促进。人形机器人首先通过自我学习机制获取基本的技能和知识，然后通过进化机制在种群层面实现性能的持续优化。这种融合使得人形机器人能够在不断变化的环境中持续进化，不断提升自身的智能水平。

在实现自我学习与进化机制的过程中,人形机器人还依赖一系列专业技术,如神经网络、优化算法、云计算等。这些技术为人形机器人提供了强大的计算能力和数据处理能力,使其能够高效地处理大量的学习和进化任务。

人形机器人的自我学习与进化机制已经取得了一定的进展,但仍面临着诸多挑战。例如,如何平衡学习与进化的速度和稳定性,如何处理复杂和不确定的环境因素,如何确保学习和进化过程的安全性和可控性等。未来,随着技术的不断进步和应用场景的不断拓展,我们有理由相信人形机器人的自我学习与进化机制将得到进一步完善和提升。

第三节 人形机器人的柔性化与适应性

一、柔性材料与机械设计

随着人工智能和人形机器人技术的迅猛发展,人形机器人作为一种高度智能化的机械系统,在各领域的应用日益广泛。然而,要实现人形机器人在复杂多变环境中的高效运作,柔性化与适应性是设计的关键要素。其中,柔性材料与机械设计更是直接关系到人形机器人的运动性能、安全性以及人机交互体验。

1. 柔性材料

柔性材料,顾名思义,是指具有较好柔韧性和可变形能力的材料。这类材料在受到外力作用时能够发生形变,同时保持一定的弹性和恢复能力。在人形机器人设计中,柔性材料的应用能够显著提升人形机器人的运动灵活性和安全性。

柔性材料的特性主要体现在以下几个方面：首先，它们具有良好的弹性和延展性，能够在人形机器人运动过程中吸收冲击和振动，减少机械部件的磨损和损坏；其次，柔性材料还具有较好的生物相容性和触感体验，有助于提高人机交互的舒适度和自然度。柔性材料的发展历程，如表 2-3 所示。

表 2-3 柔性材料的发展历程

阶段	时间范围	柔性材料的主要材料及特点	应用表现及相关事件
萌芽阶段	20世纪中叶至20世纪末	主要以简单的橡胶、硅胶等弹性材料为主，这些材料的柔韧性相对有限，但相比传统的刚性金属材料，已经具备了一定的可变形性	在人形机器人的应用上处于初步尝试阶段，例如一些机器人的外部防护或者简单的关节连接部位可能会使用到这类柔性材料，以增加机器人在与环境接触时的缓冲性，但整体应用范围较窄，机器人的主体结构仍以刚性材料为主
初步发展阶段	21世纪初至2010年左右	形状记忆合金等材料开始受到关注。形状记忆合金可以根据温度自动改变形状，并且能够记住这些形状，具有较好的可变形性和形状恢复能力；电活性聚合物（EAP）也逐渐兴起，这种材料在通电情况下能够产生较大的形变，可作为人造肌肉的理想材料	部分研究机构开始尝试将这些材料应用于人形机器人的关节驱动或者一些需要变形的部位，比如利用形状记忆合金制作机器人的手指关节，使其能够实现弯曲、抓取等动作。不过，此时这些材料的性能还不够稳定，成本也较高，限制了其大规模应用

第二章 人形机器人的前沿技术探索

续表

阶段	时间范围	柔性材料的主要材料及特点	应用表现及相关事件
快速发展阶段	2010年至2020年	水凝胶等新型柔性材料不断涌现。水凝胶具有良好的柔韧性、生物相容性和可调节的物理化学性质，可以通过3D打印等技术进行成型，为机器人的结构设计提供更多的可能性	科研团队利用水凝胶材料制作出了具有一定柔性结构的机器人部件，如软体机器人的身体部分或者机器人的皮肤等，使得机器人在外观和动作上更加接近人类或生物。同时，液态金属材料的研究也取得了重要进展，其优异的导热性、导电性、流动性和可变形性为柔性机器人的发展提供了新的方向
深度融合阶段	2020年至今	多种材料的复合与杂化成为趋势，例如将不同的柔性材料与刚性材料进行结合，或者将多种柔性材料进行组合，以实现更好的性能。同时，智能柔性材料开始出现，这类材料能够根据外界环境的变化（如温度、湿度、压力等）自动调整自身的形状、性能等	人形机器人的柔性材料应用更加广泛和深入，不仅在机器人的外观和结构上大量使用柔性材料，以提高机器人的安全性和人机交互性，而且在机器人的传感器、驱动器等关键部件中也开始应用智能柔性材料，使得机器人能够更加智能地感知和适应环境。例如，一些人形机器人的皮肤采用了具有压力感知功能的柔性材料，能够感知外界的接触力，为机器人的动作控制提供反馈

在人形机器人设计中，柔性材料的应用具有重要意义。

首先，柔性材料能够提升人形机器人的运动性能。通过采用柔性关节和柔性皮肤等设计，人形机器人能够在运动过程中更加自然和流畅地模仿人类的动作，实现更为精准的操控和更为丰富的动作表达。

其次，柔性材料有助于增强人形机器人的安全性。由于柔性材料具有吸收冲击和振动的能力，人形机器人在与外界环境交互时能够减少碰撞和伤害的风险，保护自身和周围人员的安全。

此外，柔性材料还能提高人机交互的舒适度。通过使用柔性材料制作人形机器人的外壳和接触面，可以使人形机器人在与人类互动时更加柔和、亲近，降低人类对人形机器人的抵触感，增强人机之间的信任和合作。

2. 机械设计

人形机器人的机械设计是其实现功能的基础和保障。一个优秀的机械设计需要考虑到人形机器人的运动学、动力学、稳定性以及人机交互等多个方面。通过合理的机械设计，人形机器人能够实现高效的运动控制、精确的定位以及稳定的姿态保持。同时，机械设计还需要考虑到人形机器人的结构强度、耐久性和可靠性等因素，以确保人形机器人在长期使用过程中能够保持良好的性能。

当下，深圳优必选的一款大型人形服务机器人Walker，在完成柔软物体操作（叠衣服）和物体干扰分拣等任务时，能够依靠端侧多模态感知模型获得空间定位与语义信息，然后将信息交由文心大模型进行任务理解与规划，协同配合机械臂和灵巧手的精准操作，成功完成全套任务流程，运用柔性材料来实现更好的操作适应性和安全性。

在2024年世界机器人大会上，推出了帕西尼第二代多维触觉人形机器人TORA-ONE，其双手集成了近2 000个自研的ITPU多维触觉传感单元，能捕捉并解析接触面上细微形变

第二章 人形机器人的前沿技术探索

与多维度触感信息。ITPU 多维触觉传感单元采用半柔性材料设计与新型封装技术，支持全量程 0.01N 高精度测量，具备压力、温度、材质、滑动等 15 种多维触觉感知，防水防尘，在极限温度、湿度、压力、振动等环境条件下具有稳定性与耐久度，可实现信号的高密度传输与超 300 万次的使用测量。

由武汉华威科智能技术有限公司自主研发的"人形机器人触觉感知系统"已进入市场应用阶段。其"灵巧手"突破了关键材料制造工艺、感应点缩小到毫米级等难题，实现每个感应点的面积仅 1 平方毫米，一个机械手触觉能够实现 1 000 个以上的感应点，同时可检测抓握物体是否滑动，其关键在于可以感知不同力度的柔性传感器。

人形机器人的机械设计也面临着诸多难点。

首先，由于人形机器人需要模仿人类的运动方式和形态特征，其机械设计需要考虑到人体的生物力学特性和运动规律，这使其设计过程变得复杂而烦琐。

其次，人形机器人的机械设计需要兼顾精度和灵活性。一方面，人形机器人需要实现精确的运动控制和定位；另一方面，人形机器人又需要具备一定的柔性和适应性，以应对复杂多变的环境和任务。这就要求设计者在精度和灵活性之间找到最佳的平衡点。

此外，机械设计还需要考虑到人形机器人的安全性、稳定性和人机交互等因素，这进一步增加了设计的难度和挑战。

随着科技的不断进步和创新，人形机器人的机械设计正呈现出以下发展趋势：

首先，更加注重柔性化和适应性设计。通过采用新型柔性材料和先进的机械结构设计方法，人形机器人将能更好地适应各种复杂环境和任务需求。

其次，人机共融和智能协同成为重要的发展方向。未来的人形机器人将更加注重与人类之间的交互和合作，实现更自然高效的人机协同作业。

最后，模块化、可重构和可升级的设计理念将逐渐普及。通过采用模块化设计方法和可重构技术，人形机器人将能根据实际需求和场景进行灵活配置和调整，实现功能的快速升级和优化。

二、人形机器人对不同环境的适应性

随着科技的飞速发展，人形机器人在各个领域的应用越来越广泛。这类人形机器人具备高度的人形特征，能够模拟人类的动作和姿态，从而更好地适应和融入人类的生活环境。然而，不同环境对人形机器人的适应性提出了不同的挑战。因此，研究人形机器人对不同环境的适应性具有重要的实际意义和应用价值。

人形机器人具备高度灵活性和可定制性，这使得它们能够根据不同环境的需求进行调整和优化。它们通常配备有多种传感器和执行器，可以感知外部环境的变化，并做出相应的反应。此外，人形机器人还具备强大的计算能力和学习能力，可以通过不断地学习和优化来提高自身的适应性。

1. 不同环境的挑战

不同环境对人形机器人的挑战很大，诸如：

（1）复杂地形：不同的地形条件对人形机器人的行走和稳定性提出了不同的要求。例如，山地、沙地、雪地等复杂地形需要人形机器人具备更强的越障能力和抓地力。

（2）气候条件：气候变化也会对人形机器人的性能产生影响。

高温、低温、湿度等极端气候条件可能导致人形机器人的零部件磨损加剧或性能下降。

（3）人机交互：在人类生活环境中，人形机器人需要与人类进行频繁的交互。这要求人形机器人具备高度的安全性和可靠性，以避免对人类造成伤害。

2. 适应性策略

人形机器人对不同环境的适应性策略有：

（1）硬件优化：针对复杂地形和气候条件，可以通过优化人形机器人的硬件结构来提高其适应性。例如，采用更耐磨的材料、增加防滑设计等。

（2）软件升级：通过升级人形机器人的软件系统，可以提升其感知、决策和执行能力。利用先进的算法和人工智能技术，人形机器人可以更好地适应不同环境的需求。

（3）学习与进化：人形机器人具备强大的学习能力，可以通过不断地学习和实践来提高自身的适应性。例如，人形机器人可以通过模拟训练或在线学习来掌握更多的技能和知识。

3. 不同领域的应用

在不同领域，人形机器人有相应的应用，比如：

（1）救援领域：在地震、火灾等灾害现场，人形机器人可以发挥重要作用。它们能够进入危险区域进行搜救工作，同时提供必要的支持和协助。通过优化人形机器人的硬件和软件，可以使其更好地适应复杂地形和恶劣气候条件。

（2）医疗领域：人形机器人在医疗领域也有广泛的应用。例如，它们可以协助医护人员进行手术操作、康复训练等工作。通过提高人形机器人的精确度和稳定性，可以确保其在医疗环境中的安全性和有效性。

（3）服务领域：在商场、酒店等服务场所，人形机器人可以提供导航、咨询、娱乐等服务。通过优化人形机器人的人机交互能力，可以使其更好地融入人类生活环境，提高用户体验。

4. 人形机器人的适应性

随着技术的不断进步和应用场景的不断拓展，人形机器人对不同环境的适应性将进一步提高。未来，我们可以期待以下几个方面的发展：

（1）智能化程度的提升：随着人工智能技术的发展，人形机器人将具备更高的自主决策和学习能力。它们可以根据环境变化实时调整自己的行为策略，以更好地适应各种复杂环境。

（2）多模态感知与交互：未来的人形机器人将配备更先进的传感器和交互设备，实现多模态感知与交互。这将有助于人形机器人更准确地理解人类意图和需求，提高人机协同效率。

（3）安全性与可靠性增强：在安全性方面，未来的人形机器人将采用更严格的安全标准和防护措施，确保在人类环境中的安全性和可靠性。

第三章
人形机器人的法律与伦理

第一节　人形机器人的法律地位与监管挑战

一、人形机器人的法律身份与权益保障

随着科技日新月异的发展，人形机器人逐渐渗透到人们的日常生活中，无论是作为家庭助手、医疗辅助，还是作为服务行业的劳动力，它们都在不断地改变着我们的生活方式。然而，这一技术的迅速发展也带来了前所未有的法律挑战和伦理问题。特别是在人形机器人的法律身份认定和权益保障方面，现有的法律体系显然无法完全适应这种新型实体的出现。

首先，我们需要明确人形机器人在法律上的身份定位。在传统的法律体系中，法律主体主要包括自然人和法人两类。人形机器人作为一种智能机器，显然不属于这两类中的任何一类。因此，我们需要重新审视和界定人形机器人的法律身份。

一种可能的路径是将人形机器人视为一种特殊的"物"或"财产"。在这种定位下，人形机器人不具有独立的法律地位，其权利与义务均归属于其所有者或使用者。然而，这种定位可能引发一系

列复杂的问题。例如，如果人形机器人被赋予了高度的自主决策能力，那么其行为的后果是否应完全由其所有者或使用者承担？此外，如果人形机器人在执行任务过程中造成了损害，其责任又应如何界定？

此外，人形机器人作为一种智能系统，其内部的算法、数据以及所执行的任务都可能涉及重要的法律利益。例如，人形机器人的算法可能包含知识产权，其收集和处理的数据可能涉及个人隐私，其执行的任务可能涉及公共安全等。因此，我们需要建立相应的法律机制，以保障人形机器人的相关权益不受侵犯。

这包括对人形机器人知识产权的保护。随着人工智能技术的不断发展，人形机器人的算法和软件变得越来越复杂和先进。这些算法和软件往往凝结了研发人员的智慧和劳动成果，因此应受到知识产权法的保护。同时，我们还需要建立数据保护机制，规范人形机器人收集、处理和使用个人数据的行为，防止数据泄露和滥用。此外，为了保障公共安全，我们还需要建立相应的监管机制，确保人形机器人在执行任务时不会对公共安全造成威胁。

除了上述基本权益保障，我们还需要考虑人形机器人在特定情境下的权益问题。例如，在医疗领域，人形机器人可能被用作辅助手术或护理的工具。在这种情况下，我们需要确保人形机器人在执行任务时不会侵犯患者的权益，如隐私权、自主权等。同时，我们还需要考虑如何平衡人形机器人的使用与患者的权益保护之间的关系。

在解决这些问题的过程中，我们可以借鉴其他领域的相关法律经验，如产品责任法、知识产权法等。同时，我们也需要关注国际上的相关立法动态和实践经验，以便更好地应对人形机器人带来的法律挑战。

第三章 人形机器人的法律与伦理

案例一：2024年3月13日通过的欧盟人工智能法强调，越来越多的自主机器人，包括人形机器人，在复杂环境中应能够安全运行并执行功能。特别是当人工智能系统作为产品的安全组件时，只有安全和符合要求的产品才能进入市场。这意味着人形机器人的生产者需要确保其产品在安全性等方面达到标准，否则将承担相应责任。虽然目前还没有出现非常典型的完全按照此法律判定的人形机器人案例，但可以设想，如果某款人形机器人在欧盟市场上，由于其人工智能系统在运行过程中出现故障，导致其对使用者或周围人员造成伤害，那么该机器人的生产者将可能依据此法律被追究责任。生产者需要证明其产品在设计、制造等环节符合安全标准，否则将面临法律制裁。

案例二：2024年7月，在上海发布的《人形机器人治理导则》是业界首个以开放签署方式发布的人形机器人治理规则文件。该导则分为目标愿景、基本遵循、创新发展、风险管理、全球治理和附则六个部分，共30条规则。例如，明确了人形机器人的智能化设计、制造应当遵循人类价值观和伦理原则，不得危害人类的生命、尊严和自由；其技术的发展应用应当遵守法律法规，建立安全预警和应急响应系统等。目前该导则刚发布不久，尚未有具体的司法案例与之直接对应。但从长远来看，未来如果出现人形机器人的设计或应用违反了人类伦理道德，或者在使用过程中因安全措施不到位导致事故等情况，那么该导则将为相关问题的处理提供指导和依据。例如，如果某个人形机器人在未经用户明确授权的情况下，收集并泄露了用户的个人隐私信息，那么根据该导则中关于隐私和数据保护的要求，相关的研发者、制造者等可能会被追究相应的法律责任。

需要注意的是，法律的制定和完善是一个长期而复杂的过程。在面对人形机器人这一新兴技术时，我们需要保持开放和包容的态度，不断适应和调整法律规则。同时，我们还需要加强跨学科的研究与合作，以便更全面地了解人形机器人的技术特点和应用场景，为法律规则的制定提供更为科学的依据。

二、人形机器人的监管机制与责任界定

随着人形机器人技术的不断发展和应用领域的拓宽，如何建立有效的监管机制并界定相关责任，成为法律领域面临的重要问题。

1. 监管机制

监管机制的构建是人形机器人法律监管的基础。针对人形机器人的特点和应用场景，需要建立以下监管机制。

（1）市场准入机制：对于人形机器人的生产和销售，应设立严格的市场准入标准。这包括技术安全标准、质量认证标准以及符合相关法规要求的审核程序。通过市场准入机制，可以确保进入市场的人形机器人产品符合一定的技术水平和安全标准，减少潜在的安全风险。

（2）定期审查与更新机制：由于人形机器人技术发展迅速，监管机制需要与时俱进。因此，应建立定期审查与更新机制，对监管规则和标准进行定期评估和调整。这有助于确保监管机制与技术的发展保持同步，及时应对新出现的问题和挑战。

（3）信息共享与协作机制：监管机构应建立信息共享与协作机制，与其他相关部门、行业协会以及研究机构进行密切合作。通过共享信息、交流经验以及共同研究，可以提高监管的效率和准确性，促进人形机器人技术的健康发展。

2. 责任界定

责任界定是人形机器人法律监管的核心问题。在界定责任时，需要遵循以下原则和方法。

（1）责任主体明确原则：责任主体应明确为人形机器人的所有者、使用者或设计者等相关方。根据具体情况，可以确定由哪一方承担主要责任。例如，在因人形机器人故障或操作不当导致的事故中，所有者或使用者应承担相应的法律责任。

（2）过错责任原则：在界定责任时，应考虑相关方的过错程度。如果事故是由于人形机器人的设计缺陷或制造问题导致的，那么设计者或制造商应承担相应的过错责任。而如果事故是由于所有者或使用者的不当操作或疏忽造成的，那么他们应承担过错责任。

（3）严格责任原则：在某些情况下，即使无法证明人形机器人的所有者、使用者或设计者存在过错，他们也可能需要承担一定的严格责任。这主要适用于那些对公共安全具有潜在威胁的人形机器人应用场景。通过适用严格责任原则，可以更有效地保护公共安全和社会利益。

在界定责任时，还可以采用以下方法。

（1）案例分析法：通过对以往的人形机器人事故案例进行分析，可以总结出一些常见的责任类型和判定标准。这些案例可以为未来的责任界定提供有益的参考和借鉴。

（2）风险评估法：通过对人形机器人的应用场景进行风险评估，可以预测潜在的安全风险和责任风险。基于风险评估结果，可以制定相应的预防措施和责任承担方案。

（3）技术鉴定法：在涉及人形机器人技术问题的责任纠纷中，可以引入技术鉴定机制。通过专家鉴定和技术分析，可以确定事故的原因和责任归属,为法律判决提供科学依据。

需要注意,责任界定是一个复杂而敏感的问题,需要综合考虑各种因素。在实际操作中,我们应遵循公平、公正、合理的原则,确保责任界定的准确性和公正性。

第二节 人形机器人的伦理问题与人文关怀

一、人形机器人与人类关系的伦理考量

随着科技的飞速发展,人形机器人逐渐融入人类社会的各个角落,因其具有高度仿真的外观与智能行为模式,故我们在与其互动时,不可避免地会涉及深层次的伦理问题。对于人形机器人与人类之间的关系,我们需要从多个维度进行伦理考量,以确保科技的进步与人类社会的和谐发展并行不悖。

首先,人形机器人的出现挑战了我们对"人"的传统定义。长久以来,人类作为地球上唯一的智慧生物,拥有着独特的情感、道德和自我意识。然而,人形机器人的高度仿真性使得我们很难将其简单地归类为"物"或"工具"。它们在外貌、动作甚至部分情感表达上与人类相似,这引发了关于它们是否应该享有某种程度的"人格"或"权利"的讨论。在这种背景下,我们需要重新审视和界定"人"与"机器"的界限,思考人形机器人是否应该被赋予特定的伦理地位。

其次,人形机器人与人类之间的互动涉及隐私、尊严和安全等伦理问题。人形机器人具有高度的智能和感知能力,它们可以收集、处理和分析大量的个人信息。这引发了关于隐私保护的担忧,因此我们需要建立严格的监管机制,确保人形机器人在收集和使用

第三章　人形机器人的法律与伦理

个人信息时遵循相关法律法规，保护人类的隐私权。同时，人形机器人的存在也可能对人类的尊严产生挑战。如果人形机器人被用于替代人类从事某些工作，这可能会引发关于人类价值和尊严的讨论。我们需要思考如何平衡人形机器人的应用与人类尊严的维护。

案例一：2024年3月，在利雅得举行的一场活动中，沙特制造的首个双语男性机器人"穆罕默德"公开亮相。在女记者拉亚·卡西姆采访机器人的过程中，机器人突然向她的背部伸出手，似乎摸到了她的臀部。这段视频在社交媒体上引发热议，网友对人工智能伦理问题提出疑问。该机器人的工程团队回应称，这是技术故障引发的意外，并向女记者公开道歉，表示会纠正编程错误。

案例二：韩国AI聊天机器人"李luda"曾被怀疑违反了韩国的《个人信息保护法》。其开发公司所收集的数据似乎没有完全征得用户同意，并且收集的用户对话数据示例在开源网站上发布时没有充分过滤个人信息，特定人的个人隐私没有被匿名化处理。这引发了人们对AI聊天机器人隐私保护的担忧。

此外，人形机器人的安全性也是一个不容忽视的伦理问题。尽管人形机器人在设计和制造过程中经过了严格的测试和验证，但仍然存在潜在的安全风险。例如，人形机器人的自主决策能力可能导致其在某些情况下做出不可预测的行为，这可能对人类的安全构成威胁。因此，我们需要制定严格的安全标准和操作规范，确保人形机器人在使用过程中不会对人类造成伤害。

在探讨人形机器人与人类关系的伦理考量时，我们还需要关注其对人类心理和社会结构的影响。人形机器人具有高度仿真性，这可能使得人类在与其互动时产生混淆,甚至产生情感依赖。在这种情况下,我们需要思考如何引导人类正确对待人形机器人,以避免产生不必要的心理困扰。同时,人形机器人的普及也可能改变人类社会的结构和工作方式,我们需要关注这种变化对社会稳定和发展的影响,并制定相应的政策和措施来应对。

为了应对上述伦理问题,我们需要从多个层面进行努力:①在法律层面,我们需要制定和完善关于人形机器人的法律法规,明确其法律地位、权利与义务,为监管和追责提供法律依据。②在技术层面,我们需要不断提升人形机器人的安全性和可靠性,减少潜在的安全风险。同时,我们还需要加强技术研发,探索人形机器人在医疗、教育、服务等领域的应用潜力,为人类社会的发展贡献力量。③在教育层面,我们需要加强对公众关于人形机器人伦理问题的宣传教育,提高公众的伦理意识和素养。通过普及相关知识,引导公众正确看待人形机器人,以避免产生不必要的恐慌和误解。

事实上,人形机器人与人类的关系还有更深层次的伦理关系。曾经有报道,一家养老院引入了一批人形护理机器人。这些人形机器人被设计用来照顾老年人的日常生活,包括协助进食、帮助移动、提醒服药等。

一开始,老人们对这些人形机器人感到新奇和方便,因为这些人形机器人能够准确地按照程序执行任务,从不抱怨或疲劳。然而,随着时间的推移,一些伦理问题逐渐浮现出来。

有一位老人,在长期与护理人形机器人相处后,开始对人形机器人产生了情感依赖。他会和人形机器人聊天,分享自己的故事和感受,仿佛人形机器人是真正的朋友。但当人形机器人出现故障需要维修时,老人感到极度失落和孤独,甚至出现了情绪波动。这导致工作人员开始担心人形机器人的广泛使用会导致人与人之间的互动减少。原本护理人员与老人之间的温暖交流和关怀可能会被人形机器人的机械服务所取代，这可能会影响老人的心理健康和社交需求，从而引发关于在何种程度上可以用人形机器人替代人类关怀的伦理争议。

同时，还有人提出：如果人形机器人在执行任务过程中出现错误，导致老人受伤，那么谁应该承担责任？是设计和生产人形机器人的公司，还是养老院的管理方，或者是因为过度依赖人形机器人而放松警惕的老人自己？这便涉及责任分配的伦理难题。

由此可见，人形机器人与人类关系的伦理考量是一个复杂而重要的问题。我们需要从多个维度进行思考和分析，制定合适的政策和措施来应对挑战。通过加强法律监管、提升技术安全性和加强宣传教育等手段，我们可以促进人形机器人技术的健康发展，实现科技与社会的和谐共生。

二、人形机器人的隐私保护与数据安全

随着人形机器人技术的日益成熟和普及，其在日常生活、医疗服务、工业生产等多个领域的应用不断扩大。然而，这种高度智能化的人形机器人在给人们带来便利的同时，也引发了关于隐私保护与数据安全的深刻关切。如何在推动人形机器人技术发展的同时，确保个人隐私不受侵犯、数据安全得到保障，成为一个亟待解决的重要问题。

首先，人形机器人作为智能设备，具备收集、处理、传输和存储个人数据的能力。这些数据可能包括用户的身份信息、行为习惯、健康状况等敏感信息。一旦这些信息被不当使用或泄露，将会

给个人隐私带来严重威胁。因此,确保人形机器人收集、使用个人数据的合法性和安全性变得至关重要。

为了实现这一目标,需要从多个层面进行隐私保护与数据安全的设计和实施。

在技术层面,可以通过数据加密、访问控制、安全审计等手段,提高人形机器人系统的安全性。例如,采用先进的加密算法对存储的个人数据进行加密处理,防止数据在传输和存储过程中被窃取或篡改;通过严格的访问控制机制,限制对数据的访问权限,防止未经授权的访问和操作;同时,建立安全审计机制,对系统的安全状况进行实时监控和评估,及时发现并应对潜在的安全风险。

在法律层面,需要制定和完善相关的法律法规,明确人形机器人在收集、使用个人数据方面的权利与义务。这包括规定人形机器人在收集个人数据时必须遵循的合法、正当、必要原则,以及数据使用的目的限制、用户知情权、同意权等。同时,加大对违法行为的处罚力度,提高违法成本,形成有效的法律威慑。

此外,还需要加强行业自律和社会监督。相关行业组织可以制定行业标准和技术规范,推动人形机器人行业的健康发展。同时,应鼓励社会各界积极参与监督,对违法违规行为进行曝光和举报,形成全社会共同维护隐私保护与数据安全的良好氛围。

然而,隐私保护与数据安全并非一蹴而就的事情。随着人形机器人技术的不断发展,新的安全威胁和挑战也在不断出现。因此,我们需要保持高度警惕,不断更新和完善隐私保护与数据安全的技术手段和法律法规;同时,还需要加强国际的合作与交流,共同应对全球性的隐私保护与数据安全挑战。

除了技术和法律层面的保障,我们还需要关注人文关怀在隐私保护与数据安全中的重要作用。首先,我们应该尊重和保护每个人

第三章 人形机器人的法律与伦理

的隐私权，避免将人形机器人作为侵犯个人隐私的工具。其次，我们需要关注人形机器人在处理个人数据时的伦理问题，确保其不会滥用或泄露用户的敏感信息。此外，我们还应该加强对公众的教育和引导，提高他们对隐私保护与数据安全的认识和重视程度，让他们能够主动维护自己的隐私权益。

总之，人形机器人的隐私保护与数据安全是一个复杂而重要的问题。我们需要从技术、法律、行业自律和社会监督等多个层面进行综合考虑和应对。同时，我们还需要关注人文关怀在其中的重要作用，确保技术的发展能够真正造福人类。只有这样，我们才能在享受人形机器人带来的便利的同时，保障个人隐私和数据安全不受侵犯。

未来，随着人形机器人技术的不断进步和应用领域的不断拓展，隐私保护与数据安全将面临更多的挑战和机遇。我们需要不断探索和创新，寻求更加有效的解决方案，为人形机器人的健康发展提供坚实的保障。同时，我们也需要保持开放和包容的态度，积极应对新技术带来的变革和挑战，共同推动人类社会的进步和发展。人形机器人产业政策汇总，如表 3-1 所示。

表 3-1　人形机器人产业政策汇总

时间	政策法规/会议	颁布单位	政策类型	主要内容
2023 年 10 月	《人形机器人创新发展指导意见》	工信部	战略规划	到 2025 年，人形机器人创新体系初步建立，"大脑、小脑、肢体"等一批关键技术取得突破，确保核心部组件安全有效供给。到 2027 年，人形机器人技术创新能力显著提升，形成安全可靠的产业链供应链体系，构建具有国际竞争力的产业生态，综合实力达到世界先进水平

续表

时间	政策法规/会议	颁布单位	政策类型	主要内容
2023年6月	《关于开展2023年工业和信息化质量提升与品牌建设工作的通知》	工信部	战略规划	提升电子装备、数控机床和工业机器人的安全性和可靠性水平，积极开展整机产品、零部件等对标验证，持续推进工业机器人核心关键技术验证与支撑保障服务平台能力建设
2023年1月	《"机器人+"应用行动实施方案》	工信部等17部门	战略规划	到2025年，制造业机器人密度较2020年实现翻番，服务机器人、特种机器人行业应用深度和广度显著提升，聚焦10大应用重点领域，突破100种以上机器人创新应用技术及解决方案，推广200个以上具有较高技术水平、创新应用模式和显著应用成效的机器人典型应用场景
2022年4月	《关于支持创新型中小企业在北京证券交易所上市融资发展的若干措施》	北京市科委、中关村管委会、市金融监管局	产业配套	聚焦人工智能、集成电路、生物医药、前沿新材料等重点领域，为企业提供财税、土地、环保等合规问题协调服务
2021年12月	《"十四五"机器人产业发展规划》	工信部等15部门	战略规划	到2025年，我国要成为全球机器人技术创新策源地、高端制造集聚地和集成应用新高地，机器人产业营业收入年均增长超过20%，制造业机器人密度实现翻番

续表

时间	政策法规/会议	颁布单位	政策类型	主要内容
2021年11月	《国家智能制造标准体系建设指南（2021版）》	国家标准委、工信部	规范标准	关于智能制造建设的进一步规范，意味着生产制造对于新技术新方法的融入
2021年10月	《智慧健康养老产业发展行动计划（2021—2025年）》	工信部、民政部、国家卫健委	战略规划	支持发展能够提高老年人生活质量的家庭服务机器人；重点发展外骨骼机器人，以及具有情感陪护、娱乐休闲、家居作业等功能的智能服务型机器人；鼓励发展能为养老护理员减负赋能、提高工作效率及质量的搬运机器人
2021年3月	《"十四五"规划纲要》	国务院	战略规划	深入实施智能制造，推动机器人等产业创新发展；培育壮大人工智能、大数据等新兴数字产业，在智能交通、智慧物流、智慧能源等重点领域开展试点示范
2021年1月	《关于支持"专精特新"中小企业高质量发展的通知》	财政部、工信部	产业配套	支持中小企业高质量发展、助推构建双循环新发展格局，将通过中央财政资金引导，进一步带动地方加大"专精特新"中小企业培育力度，强化政策措施精准性
2020年9月	《关于扩大战略性新兴产业投资、培育壮大新增长点增长极的指导意见》	发改委、工信部、科技部、财政部	产业配套	重点支持工业机器人、建筑、医疗等特种机器人、高端仪器仪表、轨道交通装备、高档五轴数控机床、节能异步牵引电动机、高端医疗装备和制药装备、航空航天装备、海洋工程装备及高技术船舶等高端装备生产，实施智能制造、智能建造试点示范

续表

时间	政策法规/会议	颁布单位	政策类型	主要内容
2020年7月	《国家新一代人工智能标准体系建设指南》	国家标准委等5部门	规范标准	加强人工智能领域标准化顶层设计，推动人工智能产业技术研发和标准制定，促进产业健康可持续发展
2017年11月	《增强制造业核心竞争力三年行动计划（2018—2020年）》	发改委	战略规划	加快发展先进制造业，推动互联网、大数据、人工智能和实体经济深度融合，突破制造业重点领域关键技术实现产业化，智能机器人是九大领域之一
2017年6月	《国家机器人标准体系建设指南》	国家标准委等4部门	规范标准	到2020年，我国力争建立起较为完善的机器人标准体系，累计制修订约100项机器人国家和行业标准，基本实现基础标准、检测评定方法标准，以及产量大、应用领域广的整机标准全覆盖
2016年12月	《工业机器人行业规范条件》	工信部	规范标准	鼓励工业机器人本体生产企业和工业机器人集成应用企业按照本规范条件自愿申请规范条件公告，对符合规范条件的企业以公告的形式向社会发布，引导各类鼓励政策向公告企业集聚
2016年3月	《机器人产业发展规划（2016—2020年）》	发改委、工信部、财政部	规范标准	到2020年，培育3家以上具有国际竞争力的龙头企业，打造5个以上机器人配套产业集群

第三章 人形机器人的法律与伦理

续表

时间	政策法规/会议	颁布单位	政策类型	主要内容
2015年5月	关于印发《中国制造2025》的通知	国务院	战略规划	鼓励新一代信息技术、高端装备、新材料、生物医药等战略重点发展，引导社会各类资源集聚，推动优势和战略产业发展
2013年4月	中国机器人产业联盟成立	中国机械工业联合会	规范标准	由中国机械工业联合会牵头，第一届产业联盟成立，共有80余家成员，覆盖了目前国内机器人产业骨干企事业单位和主要研究机构等

资料来源：国务院、财政部、工信部、中国机械工业联合会、北京市科委《2022年中国机器人产业图谱及云上发展研究报告》。前瞻产业研究院、长城证券产业金融研究院整理

第四章
人形机器人的社会影响与未来挑战

第一节 人形机器人对社会结构的影响

一、人形机器人对劳动力市场的重塑

随着科技的飞速进步,人形机器人作为智能科技的杰出代表,正逐渐渗透到社会的各个领域。它们不仅改变了我们的生产方式和生活方式,更对社会结构产生了深远的影响。其中,人形机器人对劳动力市场的重塑尤为显著。

在人类历史的长河中,劳动力市场的演变与科技的进步息息相关。从早期的农业社会到工业革命的兴起,再到信息时代的来临,每一次技术革新都带来了劳动力市场的深刻变革。农业社会的劳动力主要集中在农耕和畜牧上,工业革命则使得大量人口从农村涌向城市,从事工厂生产等工业活动。进入信息时代后,信息技术的广泛应用又催生了大量新兴职业,如程序员、数据分析师等。

人形机器人的出现,无疑为劳动力市场带来了变革。它们具备高度的智能化和自主化能力,能够在许多领域替代人类完成烦琐、重复或危险的工作。这种替代效应不仅改变了劳动力市场的供需结

构，还对劳动力市场的其他方面产生了深远影响。

人形机器人的崛起正以前所未有的态势重塑着劳动力市场，其中波士顿动力公司的人形机器人 Spot 和 Atlas 便是极具代表性的案例。

在建筑行业中，引入 Spot 人形机器人，替代建筑工人到危险的高处进行测量和检查工作，这些工作不仅劳动强度大，而且存在着较高的安全风险。Spot 人形机器人则凭借其灵活的行动能力和精准的传感器，轻松地在各种复杂地形中穿梭，对建筑结构进行详细的检测，快速准确地测量建筑物的尺寸、检查裂缝和缺陷，将数据实时传输给工程师进行分析，大大提高了工作效率，还降低了工人在危险环境中作业的风险。

在港口物流领域，港口的货物搬运工作需要大量的人力，劳动强度极高。Atlas 机器人可以轻松地举起和搬运沉重的货物箱（见图 4-1），其精确的动作控制和强大的力量使其能够高效地完成货物装卸任务，使得货物搬运速度大幅提升，有效减少人力成本和劳动事故的发生。

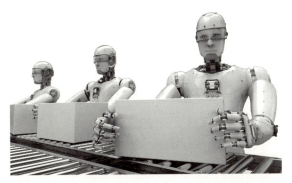

图 4-1　人形机器人在流水生产线上的模拟应用

尤其在一些特殊环境里，人形机器人几乎是必不可少、不可替代的。比如核电站的维护工作，人类就难以在高辐射区域工作，即便是做好防护也难以确保安全，但人形机器人就可以进入高辐射区域进行检测和维修；而在矿山等危险场所，人形机器人可以进行勘探和救援工作，为保障工人的生命安全提供了有力支持。

（1）人形机器人的广泛应用将带来生产效率的大幅提升和成本的降低，从而推动经济的快速增长。然而，这种增长也可能导致部分传统职业的消失和新兴职业的涌现。一方面，人形机器人将替代一部分低技能劳动力，使得这部分人群面临失业的风险；另一方面，随着人形机器人在医疗、教育、服务等领域的应用拓展，将催生出一系列与人形机器人相关的新职业，如人形机器人维护、编程和调试等。

（2）人形机器人的普及将改变劳动力市场的供需平衡。一方面，随着人形机器人技术的不断成熟和成本的降低，越来越多的企业将采用人形机器人来替代人力，从而降低人力成本；另一方面，随着人口老龄化的加剧和劳动力供给的减少，人形机器人将成为弥补劳动力缺口的重要手段。这种供需变化将使得劳动力市场的竞争更加激烈，同时也为劳动者提供了更多的就业机会和选择。

（3）人形机器人的应用还将改变人口结构和就业分布。一方面，随着人形机器人替代人力的趋势加剧，一些传统劳动密集型行业的人口将逐渐减少，而新兴行业和领域的人口将逐渐增加；另一方面，人形机器人的普及将使得一些人口密集地区的劳动力需求减少，而一些偏远地区或人口稀少地区的劳动力需求可能增加。这种变化将使得人口分布更加均衡，同时也为一些地区的发展带来了新的机遇。

（4）人形机器人的发展最终将推动相关技术的进步和创新。随着人形机器人技术的不断突破和应用拓展,将催生出更多的新技术和新应用。这些新技术和新应用将进一步推动劳动力市场的变革和创新,为经济发展和社会进步注入新的动力。

二、人形机器人对社会文化的冲击

随着科技的飞速发展,人形机器人逐渐融入人类社会的各个层面,它们不仅在物理上与人类共存,更在精神文化层面对人类社会产生深远的影响。人形机器人作为高度智能化的机械实体,其存在与普及无疑将对社会文化带来前所未有的冲击,这种冲击既体现在广度上,也体现在深度上。

1. 广度冲击

人形机器人对社会文化的冲击首先体现在其影响范围的广泛性上。从娱乐文化到艺术创作,从日常生活到宗教信仰,人形机器人的身影几乎无处不在,它们以不同的方式渗透进人类文化的各个领域。

在娱乐文化方面,人形机器人凭借其高度逼真的外观和灵活的动作,成为电影、电视剧、游戏等娱乐产品中的新宠。它们与人类演员的互动为观众带来了全新的视觉体验,也促进了娱乐产业的创新与发展。

在艺术创作领域,人形机器人同样展现出了巨大的潜力。它们可以模仿人类的绘画、音乐、舞蹈等艺术形式,甚至在某些方面超越人类。这种超越不仅拓宽了艺术创作的边界,也引发了关于艺术本质和人类创造力的深入思考。

此外,人形机器人还在日常生活中扮演着越来越重要的角色。它们可以作为家庭助手、护理员、导游等角色,与人类进行频繁的互动。这种互动不仅改变了人类的生活方式,也影响了人类的社会交往和人际关系。

在法国卢浮宫博物馆,有一批人形导游机器人。这些人形机器人外形设计精巧,酷似人类,能够流畅地使用多种语言与游客交流。当游客踏入博物馆,人形机器人会主动上前迎接,用热情的话语和微笑开启游客的艺术之旅。

这些人形机器人对于外国游客来说格外友好,外国游客不用担心语言交流的难题,更不用担心被冷落,人形机器人对所有人一视同仁,一样热情周到。此外,人形机器人可以根据个人的兴趣爱好,规划个性化的参观路线,并详细介绍每一件艺术品的历史背景和艺术价值,还可以与参观者进行简单的互动,对于外国游客而言,它们是最好的向导,对于社恐人群而言,它们是最有亲和力的导游。

2. 深度冲击

人形机器人对社会文化的冲击还体现在其深度上。这种深度冲击主要体现在对人类价值观、道德观和身份认同等方面的挑战。

首先,人形机器人的出现引发了关于人类价值观的深刻讨论。随着人形机器人越来越像人类,我们不得不重新思考什么是真正的人类价值。人形机器人的权利、地位和责任等问题也逐渐浮出水面,成为社会关注的焦点。

其次,人形机器人对人类的道德观产生了冲击。在人形机器人与人类的关系日益紧密的背景下,我们面临着越来越多的道德困境。例如,当人形机器人伤害人类时,我们应该如何判断其责任?当人形机器人拥有自我意识时,我们是否应该给予它们与人类同等的道德地位？这些问题都需要我们进行深入的思考和探讨。

最后，人形机器人还对人类的身份认同产生了影响。随着人形机器人越来越接近人类，我们可能会质疑自己的身份和独特性。我们是否还能像以前那样确定自己是独一无二的人类？这种身份认同的危机可能会引发一系列的心理问题和社会问题。

3. 反思和应对

面对人形机器人对社会文化的冲击，我们需要保持开放和包容的态度，同时也需要进行深入的反思和应对。

首先，我们需要加强科技伦理和法律规范的建设。通过制定和完善相关法律法规，明确人形机器人的权利、义务和责任，保障人类的利益和尊严。同时，我们还需要加强科技伦理教育，培养公众的科技道德意识，引导人们正确使用和对待人形机器人。

其次，我们需要推动跨学科的研究和合作。人形机器人对社会文化的影响涉及多个领域，需要不同学科的专家和学者共同研究和探讨。通过跨学科的合作，我们可以更全面地理解人形机器人的影响和挑战，提出更有效的应对策略。

最后，我们还需要关注人形机器人技术的可持续发展。在推动人形机器人技术发展的同时，我们需要关注其对环境、资源和社会的影响，确保技术的发展符合人类的整体利益和长远利益。

第二节　人形机器人的市场现状与前景

一、全球人形机器人市场规模与增长趋势

随着科技的不断进步和人类对智能化生活需求的日益增加，人

形机器人作为一种高度智能、高度仿真的机器人类型，正逐渐走入人们的视野。在全球范围内，人形机器人的市场规模正在不断扩大，增长趋势显著，展现出了巨大的市场潜力和广阔的发展前景。人形机器人的市场发展历程，如表4-1所示。

表 4-1 人形机器人的市场发展历程

阶段	时间范围	市场发展特点	主要事件及表现
研发探索期	1999年以前	主要集中于技术研发，试图让机器人完成基本的运动动作，对市场应用的探索较少	这一时期的人形机器人技术处于初级阶段，动作较为简单、机械，主要在实验室或特定研究环境中进行研发，几乎没有面向市场的产品推出。例如一些早期的人形机器人研究项目，只是为了验证机器人的基本运动功能可行性
初步应用探索期	2000年至2009年	开始探索应用场景，但受限于运动性能等因素，应用场景较为有限，市场处于萌芽状态	部分企业和研究机构开始思考人形机器人的实际应用可能性，如在一些简单的服务场景、特定的工业场景中进行尝试，但由于技术不够成熟，机器人的可靠性和实用性有待提高，市场接受度较低。这一时期相关产品数量少，市场规模极小
性能突破期	2010年至2019年	以波士顿动力为标杆，人形机器人的运动性能取得较大突破，能完成更多复杂指令，市场关注度逐渐提高	波士顿动力的人形机器人在这一时期展示出了强大的运动能力，如跑酷、后空翻等动作，引起了业界的广泛关注，推动了人形机器人技术的发展。其他企业和研究机构也加大了研发投入，人形机器人的性能不断提升，开始在一些特定领域（如科研、危险环境探测等）有了小规模的应用

第四章 人形机器人的社会影响与未来挑战

续表

阶段	时间范围	市场发展特点	主要事件及表现
智能产业化探索期	2020年至2023年	进入高智能产业化的探索阶段，企业探寻更多应用场景，注重人机交互，开始探索行业商业化的可能性，但尚未实现大规模量产	人工智能技术的发展为人形机器人的智能化提供了支持，机器人开始具备一定的感知、决策和交互能力。企业积极探索人形机器人在工业制造、家庭服务、医疗护理等领域的应用，一些企业推出了面向市场的产品，但由于成本较高、性能还不够完善等原因，市场规模仍然有限
商业化元年及加速发展期	2024年至今	2024年被认为是人形机器人商业化元年，产业链加速发展，市场规模快速增长，多方入局，竞争激烈	众多国内外企业纷纷推出人形机器人产品或加速业务进程，如2024年3月，OpenAI与Figure AI合作推出通用型机器人Figure01；4月，波士顿动力新版Atlas人形机器人亮相；5月，特斯拉发布人形机器人Optimus最新进展视频等。同时，政策支持力度不断加大，资本也积极关注，市场对人形机器人的未来发展充满期待

世界上被广泛认可的第一台人形机器人的是日本的WABOT-1，它在1973年由早稻田大学的WABOT项目团队制造出来。WABOT-1的设计和制造是出于对人形机器人在辅助人类、提高生活质量等方面潜力的探索。它能够进行简单的交流、行走，甚至模拟钢琴演奏。这项创新不仅展现了技术的进步，也标志着人工智能和机器人学领域的一个重要里程碑。

从市场规模的角度来看，人形机器人市场已经初具规模，并且在持续增长。根据权威机构发布的数据，近年来全球人形机器人市场的年复合增长率一直保持在较高的水平。这主要得益于人形机器人在多个领域的广泛应用和不断拓展的市场需求。在医疗领域，人形机器人可以辅助医生进行手术操作、康复训练等任务，提高医疗效率和患者康复效果；在服务领域，人形机器人可以担任导游、接待员等角色，提供便捷的服务体验；在娱乐领域，人形机器人可以模拟人类的行为和情感，为人们带来乐趣和陪伴。这些应用领域的不断拓展，为人形机器人市场提供了广阔的市场空间。

从增长趋势的角度来看，全球人形机器人市场呈现出高速增长的态势。一方面，随着技术的不断进步和创新，人形机器人在性能、功能等方面得到了显著提升，使得其能够更好地适应各种复杂环境和任务需求。例如，通过引入深度学习、计算机视觉等技术，人形机器人可以实现更加精准的感知、决策和执行能力；通过优化机械结构、驱动系统等硬件设计，人形机器人可以实现更加灵活、稳定的运动性能。这些技术的创新和应用，为人形机器人市场的快速增长提供了有力支撑。

随着全球人口老龄化的加剧和劳动力成本的上升，人形机器人在护理、康复等领域的需求不断增长。特别是在一些发达国家，人口老龄化问题日益严重，对护理和康复服务的需求量大增。而人形机器人可以凭借其高度仿真的外观和人性化的交互方式，为老年人提供更加贴心、舒适的护理服务，满足市场的迫切需求。此外，在一些危险或复杂的环境中，如核电站、深海探测等场景，人形机器人可以替代人类进行作业，降低人员安全风险，提高工作效率。这些应用场景的拓展，进一步推动了人形机器人市场的快速增长。

政策支持和产业合作也为全球人形机器人市场的增长提供了有力保障。各国政府纷纷出台相关政策，鼓励和支持人形机器人的研发和应用。一些国家和地区还设立了专门的资金支持项目，为人形

第四章 人形机器人的社会影响与未来挑战

机器人的研发提供资金支持。同时,产业界也加强了合作与交流,共同推动人形机器人技术的创新和应用。这种政策支持和产业合作的氛围,为人形机器人市场的快速发展创造了有利条件。

二、国内人形机器人企业竞争格局

在国内,人形机器人产业呈现出蓬勃发展的态势。众多本土企业在人形机器人的研发、生产、销售等方面取得了显著成果,形成了各具特色的竞争格局。

2000年11月29日,我国独立研制的第一台具有人类外观特征、可以模拟人类行走与基本操作功能的类人型机器人,在长沙国防科技大学首次亮相。类人型机器人的问世,标志着我国机器人技术已跻身国际先进行列。

这台被定名为"先行者"的类人型机器人,高1.4米,重20千克,不但具有人类一样的头部、眼睛、脖颈、身躯、双臂与两足,而且具备了一定的语言功能。与国防科技大学1990年研制的我国首台两足步行机器人相比,这台类人型机器人实现了多项关键性技术的突破:从只能平地静态步行,到快速自如的动态行走;从只能在已知环境中行走,到可在小偏差、不确定的环境中行走;行走频率也由每6秒1步,提高到每秒2步。

如今在我国,从生产线上的机械臂到酒店送餐的"服务员",从与人"沟通"到帮人"做事",机器人日渐进入人们的生活……作为未来产业的重要领域,机器人产业发展前景广阔,受到市场关注。行业人士指出,人形机器人或是最容易适应世界的机器人。国际投资银行高盛预测,到2035年,人形机器人市场规模有望达到

1 540 亿美元，约合 11 037.3 亿元人民币。

在我国，相关产业布局正在提速。工信部 2023 年 10 月印发的《人形机器人创新发展指导意见》指出，加快推动我国人形机器人产业创新发展，为建设制造强国、网络强国和数字中国提供支撑。意见还给出了我国人形机器人发展"时间表"：到 2025 年，人形机器人创新体系初步建立，"大脑、小脑、肢体"等一批关键技术取得突破，确保核心部组件安全有效供给；到 2027 年，人形机器人技术创新能力显著提升，形成安全可靠的产业链供应链体系，构建具有国际竞争力的产业生态，综合实力达到世界先进水平。

在政策"东风"的影响下，人形机器人研发步入快车道。2023 年 11 月，国内首家省级人形机器人创新中心成立，并于 2024 年 4 月 27 日发布自主研发的通用人形机器人母平台"天工"，可实现 6 km/h 的稳定奔跑，并对磕绊、踏空等情况也能做到步态的敏捷调整。2024 年 5 月，我国首个国家地方共建人形机器人创新中心在上海浦东揭牌，其自主研发的人形机器人"青龙"，身高 185 厘米、体重 80 千克，全身多达 43 个主动自由度，能使用工具在小米里挑芝麻……

中共中央政治局 2024 年 7 月 30 日召开会议指出，要培育壮大新兴产业和未来产业。要大力推进高水平科技自立自强，加强关键核心技术攻关，推动传统产业转型升级。2024 年江苏、广东、山东、安徽等多地已推出人形机器人发展"路线图"，围绕关键核心技术攻关、产品研发、高水平人才培养、做强终端产品等明确了相关举措。

一些国内领先的科技公司，如优必选科技、小米等，在人形机器人领域拥有较为完善的技术体系和产品线。它们凭借强大的研发实力和市场推广能力，成功推出了多款具有市场竞争力的人形机器

第四章　人形机器人的社会影响与未来挑战

人产品，并在国内外市场上取得了良好的销售业绩。

优必选科技发布的第二代人形机器人 Walker 不仅拥有 36 个高性能伺服关节和力觉反馈系统，还具备视觉、听觉、空间知觉等多方位的感知能力，使其能够与人进行更自然的交互。而小米公司推出的"铁大"人形机器人也在技术和应用上有所突破。

此外，还有一些公司，如乐聚机器人，也在人形机器人领域进行了深入研发。它们推出的双足机器人 Talos 被誉为中国版"Atlas"，在行走和手臂摆动等方面都与真人极为相似，并且具有人形 SLAM 技术的应用，这是中国在人形机器人技术方面的重要突破。

这些专注于人形机器人技术研发的创新型企业，吸收投融资（见图 4-2），凭借独特的技术优势和创新能力，在人形机器人领域取得了不俗的成绩。这些企业通过与高校、科研机构等合作，不断推动人形机器人技术的创新与应用。

我国将坚持应用牵引、创新驱动，加强央地协同，共同培育世界级机器人产业集群和应用示范基地，预计到 2025 年，我国机器人产业营业收入年均增速保持在 20% 以上。

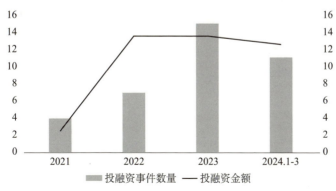

图 4-2　2021—2024 年中国智能机器人投融资数量及规模（单位：项、亿元）

资料来源：IT 桔子前瞻产业研究院

三、国外人形机器人企业竞争格局

随着生成式 AI 的爆发式发展，人形机器人发展"步伐"加快，英伟达、OpenAI、微软、特斯拉等国外的国际领先科技巨头纷纷入场人形机器人赛道。

人形机器人仿照人类形态和行为，结合了机器人技术和 AI 技术，具有高度仿真外观和较强的人机交互能力，是 AI 智能的最佳载体，有望成为继计算机、智能手机、新能源汽车后的颠覆性产品，将深刻变革人类生产生活方式，重塑全球产业发展格局。根据应用领域的不同，人形机器人可划分为通用人形机器人、工业人形机器人、服务人形机器人和特种人形机器人。

人形机器人产业链主要由上游的零部件、中游的人形机器人本体和下游的终端应用这三个环节构成（见表 4-2）。人形机器人是机

表 4-2　人形机器人产业链

上游：零部件		中游：机器人本体	下游：应用
智能感知	视觉传感器 力感知器 惯性传感器 电子皮肤等	本体设计 制造与集成	工业制造 仓储物流 商业服务 科学研究 教育培训 医疗健康 娱乐影视 家庭服务 安防巡逻 特种服务 ……
驱动控制	控制器 运动控制 能源等		
伺服驱动	减速器 行星滚柱丝杠 电机 轴承等		
环境	操作系统 开发平台等		
其他	电池 本体结构 通信模块等		

械设计、运动控制、人工智能等领域技术的综合体现,其核心零部件主要为减速器、伺服电机、控制器和传感器。人形机器人发展的技术难点在于模拟人类的"感知—认知—决策—执行"过程,这就意味着人形机器人需要有"大脑""小脑""身体":"大脑"主导上层的逻辑推理、决策、规划,以及用自然语言来和其他智能体、环境进行交流;"小脑"主要是通过主导视觉、触觉等多种感知来控制身体,从而完成复杂的任务;"身体"则是要有足够的硬件,如传感器和执行器等。

总体来看,欧美日在人工智能、感知技术等领域具有深厚技术积累,人形机器人产业发展具备先发优势,产业发展体系较为成熟。

根据《人形机器人技术专利分析报告》(见表4-3),美国、日本、韩国及欧洲具有高技术价值的发明专利占其专利总量的比重较高,而我国的占比则偏低。

表4-3 全球人形机器人专利申请情况

排名	国家	累计专利申请量(件)	有效发明专利量(件)
1	中国	6 618	1 699
2	日本	6 058	1 743
3	韩国	1 279	674
4	法国	766	245
5	美国	685	358
6	德国	135	60
7	英国	66	14
8	加拿大	39	6
9	意大利	33	12
10	印度	29	6

数据来源:人民网研究院《人形机器人技术专利分析报告》,截至2023年5月底

从技术创新体系来看，欧美日韩以企业创新为主。根据《人形机器人技术专利分析报告》，日本、美国、韩国企业申请的专利占总量的比重分别为93.3%、89.8%和72.4%，而我国企业和院校、科研机构申请的专利量则分别为56.3%和38.1%（见表4-4）。同时，我国企业掌握重点专利较多，而院校和科研机构则核心专利和重点专利数量都较多，院校和科研机构在我国人形机器人领域的前沿引领作用更加明显。

表4-4　中、日、美、韩人形机器人专利申请分布情况

主体	中国	日本	美国	韩国
企业	56.3%	93.3%	89.8%	72.4%
院校、科研机构	38.1%	4.0%	5.9%	22.9%
其他	5.6%	2.7%	4.3%	4.7%

资料来源：人民网研究院《人形机器人技术专利分析报告》，截至2023年5月底

在国际市场上，人形机器人产业竞争激烈。以波士顿动力公司、本田公司等为代表的国外企业，在人形机器人的技术研发和应用方面处于领先地位。

波士顿动力公司的Atlas人形机器人以其卓越的运动性能和稳定性而闻名，被广泛应用于科研、军事等领域，是新一代人形机器人的代表，它主打运动性能，具备出色的移动和操作能力，能够在各种环境中执行复杂任务。本田公司的ASIMO人形机器人则以其高度仿真的外观和灵活的运动能力而受到广泛关注，是一款能够跳跃的人形机器人，它拥有57个自由度，采用纯电机驱动，展示了高度灵活的运动能力。

此外，还有一些国外企业如特斯拉、谷歌等，也在人形机器人

第四章 人形机器人的社会影响与未来挑战

领域进行了积极探索和布局。它们通过投入大量研发资金和技术力量,不断推动人形机器人技术的进步和应用拓展。

四、国内外企业合作与竞争

在激烈的竞争格局中,国内外企业既有合作也有竞争。一方面,国内外企业通过技术合作、共同研发等方式,共同推动人形机器人技术的进步和发展。例如,一些国内企业与国际知名科研机构或高校开展合作,共同研发新型人形机器人技术,提升产品的性能和竞争力。另一方面,国内外企业也在市场上展开激烈的竞争。它们通过不断提升产品质量、降低成本、拓展销售渠道等方式,争夺市场份额和客户资源。同时,国内外企业还在技术专利、知识产权保护等方面进行竞争和博弈。人形机器人零部件代表企业,如表 4-5 所示。

表 4-5 人形机器人零部件代表企业

减速器	传感器	轴承	AI 芯片	空心杯电机
哈默纳科 日本新宝 绿的谐波	华工科技 歇尔股份 高德红外	人本股份 五洲新春 光洋股份	海思 寒武纪 海光信息	鸣志电器 鼎智科技 Faulhaber
激光雷达	编码器	摄像头	无框力矩电机	控制器
禾赛科技 图达通 华为技术	多摩川 海德汉 西克	舜宇光学 联创电子	步科股份 昊志机电 Aerotech	KEBA ABB 发那科
驱动器	行星滚柱丝杠	电池模块	结构件	
鸣志电器 科尔摩根	南京工艺 博特精工 优士特	宁德时代 中创新航	科利达 震裕科技 无锡金杨	

第三节　人形机器人的未来发展趋势与预测

一、人形机器人技术的创新与进步

随着科技的飞速进步，人形机器人作为智体的代表，正逐渐成为科技领域的热点。未来，人形机器人技术将迎来一系列创新与进步，不仅在外观和功能上更趋近于人类，更在智能水平、交互能力和自主性等方面实现质的飞跃。

首先，在硬件技术方面，人形机器人将采用更先进的材料和制造工艺，实现更轻便、更耐用的机体结构。新型轻质材料如碳纤维、纳米材料等的应用，将大幅降低人形机器人的重量，提高其运动性能和灵活性。同时，高精度传感器和执行器的研发，将使得人形机器人能够更精确地感知外部环境，实现更精细的操作。

其次，在人工智能领域，人形机器人将实现更高水平的智能。深度学习、强化学习等人工智能技术的不断发展，将使人形机器人能够更深入地理解人类语言、情感和意图，实现更自然、更智能的交互。此外，人形机器人还将具备更强的学习和适应能力，通过不断地学习和实践，不断提升自身的智能水平。

在交互能力方面，人形机器人将实现更丰富的交互方式和更深入的交互体验。通过自然语言处理、语音合成、面部表情识别等技术，人形机器人将与人类进行更自然、更流畅的对话。同时，人形机器人还将具备更丰富的情感表达和肢体语言能力，更准确地理解和回应人类的情感和需求。

此外，人形机器人的自主性也将得到显著提升。通过先进的导航、定位和决策技术，人形机器人将在复杂环境中自主规划路径、完成任务，甚至能够处理突发情况和未知风险。这种自主性的提升

第四章　人形机器人的社会影响与未来挑战

将使人形机器人能够在更多领域发挥作用，如家庭服务、医疗护理、救援救灾等。

值得一提的是，人形机器人在未来还将实现更紧密的人机协同。通过与人类共同完成任务，人形机器人将更好地理解人类的工作方式和需求，从而提供更贴心、更个性化的服务。同时，人机协同也将促进人形机器人技术的不断发展和完善，推动人形机器人向更高水平迈进。

然而，人形机器人技术的创新与进步并非易事。在追求高度智能化和自主性的同时，我们还需要关注人形机器人可能带来的伦理和社会问题。如何确保人形机器人在为人类带来便利的同时，不侵犯人类的隐私和权益，如何制定合理的法律法规来规范人形机器人的使用和管理，这些都是我们需要深入思考和解决的问题。

为了推动人形机器人技术的创新与进步，我们需要加强跨学科的合作与交流。硬件工程师、软件开发者、人工智能专家、伦理学者等各方应携手共进，共同探索人形机器人技术的发展方向和应用领域。同时，我们还需要加大对人形机器人技术的研发投入，培养更多的人才投身于这一领域的研究与开发。

总之，人形机器人技术的创新与进步是一个充满挑战与机遇的过程。随着科技的不断发展，我们有理由相信，未来的人形机器人将更加智能、更加灵活、更加人性化，为人类的生活带来更多便利和惊喜。同时，我们也需要保持清醒的头脑，审慎地对待人形机器人技术的发展，确保其能够在符合伦理和社会规范的前提下为人类造福。

二、人形机器人发展面临的技术挑战

随着科技的飞速发展，人形机器人作为智能科技的前沿领域，正逐步从科幻（见图 4-3）走向现实。然而，在实现高度智能化、自主化和人性化的过程中，人形机器人面临着诸多技术挑战与研发难题。这些挑战不仅涉及机械设计、人工智能、感知与交互等多个技术领域，还需要在全球范围内进行深度合作与共同研究。

图 4-3　电影中人形机器人的科技展现

　　实现人形机器人高度仿真的人体运动是其中的一大技术难题。人体运动涉及复杂的肌肉、骨骼和神经系统协同作用，要求人形机器人能够在各种环境下实现平稳、自然的运动。这需要深入研究生物力学、运动控制等科学领域，同时还需要在机械设计、材料科学等方面取得突破。此外，如何确保人形机器人在运动过程中的安全性、稳定性和耐久性也是亟待解决的问题。

　　人形机器人需要具备高度智能化的人工智能技术，以实现与人类相似的认知、学习和决策能力。然而，目前的人工智能技术仍面临着诸多挑战，如知识表示、推理与决策、学习与记忆等。此外，人形机器人还需要具备情感识别和表达能力，以更好地与人类进行交互。这要求我们在人工智能算法、机器学习、自然语言处理等方面取得重大突破。

人形机器人需要能够精准地感知周围环境并与人类进行自然交互。这要求人形机器人具备高精度的传感器、高效的数据处理能力以及强大的交互界面。然而，目前的传感器技术仍存在精度、稳定性等方面的不足，数据处理技术也面临着处理速度、隐私保护等挑战。此外，如何实现人形机器人与人类之间的自然语言交互、情感交流等也是亟待解决的问题。

三、人形机器人发展面临的研发难题

随着人形机器人越来越深入地融入人类生活，其安全和隐私保护问题也日益凸显。如何确保人形机器人在运行过程中的安全性，避免对人类造成伤害，是研发过程中必须考虑的重要问题。同时，人形机器人的数据收集、处理和使用也可能涉及用户隐私泄露的风险，因此需要加强数据保护和隐私加密技术的研究与应用。

人形机器人的研发涉及多个领域和多个国家，需要全球范围内的合作与资源共享。然而，目前各国在人形机器人技术方面的发展水平参差不齐，存在着技术壁垒和资源分配不均等问题。因此，需要加强国际合作与交流，推动技术成果的共享与转化，共同推动人形机器人技术的发展和应用。

随着人形机器人的普及和应用，其涉及的伦理和法律问题也日益突出。如何制定合适的伦理准则和法律规范，确保人形机器人的研发、生产和使用符合人类社会的价值观和道德标准，是摆在我们面前的重要课题。这需要我们加强跨学科的研究和探讨，为人形机器人的发展提供坚实的伦理和法律支撑。

面对上述技术挑战与研发难题，我们需要采取一系列应对策略来推动人形机器人的发展。首先，加强基础研究和应用研发，提高关键技术的自主创新能力。其次，推动产学研深度融合，加强企业与高校、科研机构的合作与交流。此外，加强国际合作与资源共享，推动全球范围内的人形机器人技术发展。最后，建立完善的伦理与法律规范体系，为人形机器人的研发和应用提供有力的保障。

四、未来人形机器人市场预测与机遇

随着科技的日新月异和人们需求的不断升级，人形机器人市场正迎来前所未有的发展机遇。未来，人形机器人将在更多领域发挥重要作用，市场规模也将持续扩大。

根据市场研究机构的预测，未来人形机器人市场将保持高速增长的态势。随着技术的不断突破和成本的不断降低，人形机器人的应用范围将进一步扩大，市场渗透率也将不断提高。

人形机器人的应用领域也将不断拓展。在医疗领域，人形机器人将更深入地参与手术辅助、康复训练等任务，为医疗事业带来革命性的变化。在服务领域，人形机器人将成为商场、酒店、机场等场所的重要服务力量，提供咨询、导览、清洁等多种服务。在教育领域，人形机器人也将成为辅助教学的重要工具，帮助学生更好地理解和掌握知识。

此外，随着人工智能技术的不断进步，人形机器人还将具备更加智能化的能力，更好地理解和满足人类的需求。例如，人形机器人可以通过学习人类的习惯和行为，提供更加个性化的服务；人形机器人还可以通过与人类的互动，不断提升自己的智能水平，实现更加精准和高效的决策和执行。

人形机器人市场的快速发展为企业带来了巨大的发展机遇。首先，对于人形机器人的研发和生产企业来说，它们可以通过不断创新和技术升级，推出更加先进、更加实用的人形机器人产品，满足市场的多样化需求。其次，对于服务型企业来说，它们可以通过引

第四章 人形机器人的社会影响与未来挑战

入人形机器人,提升服务质量和效率,降低人力成本,增强竞争力。此外,人形机器人还可以为创业者提供新的创业机会和商业模式,如开发人形机器人应用平台、提供人形机器人租赁服务等。

然而,人形机器人市场的发展也面临着一些挑战和问题。例如,技术成熟度、成本、安全性和隐私保护等问题仍需要解决。因此,企业需要加强技术研发和市场调研,不断提升产品的性能和安全性,降低生产成本,拓展销售渠道,以应对市场的变化和挑战。

应用篇

第五章
人形机器人在工业领域的落地与应用

第一节 人形机器人在生产线自动化中的应用

一、人形机器人提升生产效率的实践案例

案例一：特斯拉汽车生产线上的人形机器人

特斯拉作为电动汽车领域的领军企业，一直致力于提升生产效率和降低成本。近年来，特斯拉引入了人形机器人作为其生产线自动化的一部分。这些人形机器人被应用于执行一些重复性的高强度工作，如零部件的搬运和组装。通过人形机器人的应用，特斯拉实现了生产线的快速调整和优化，大大提高了生产效率和产品质量。

案例二：本田公司发动机生产线的人形机器人应用

本田公司作为全球知名的汽车制造商，在生产过程中也积极采用人形机器人技术。在发动机生产线上，本田利用人形机器人进行零部件的精确安装和调试。这些人形机器人具备高度灵活性和精准度，能够完成复杂的装配任务，从而提高了生产线的自动化水平和生产效率。

案例三：富士康的人形机器人生产线实践

作为全球最大的电子制造服务商之一，富士康在生产线上广泛采用了人形机器人技术。这些人形机器人被应用于执行一些烦琐、重复的装配任务，如电路板的安装和测试。通过人形机器人的应用，富士康实现了生产线的自动化和智能化，不仅提高了生产效率，还降低了人工成本和错误率。

案例四：宝马集团斯帕坦堡工厂与 Figure AI 的合作

宝马集团斯帕坦堡工厂与 Figure AI 合作，在工厂中试运行 AI 人形机器人。这些人形机器人成功地完成了车身底盘的金属板件安装任务。这一过程需要极高的灵活性，人形机器人通过自主操作，精确地完成了复杂的生产步骤。通过此次试运行，宝马集团获得了关于如何将多功能机器人整合到现有生产系统中的宝贵经验，并深入研究了人形机器人在真实生产环境中的表现和潜在优势。

案例五：一汽大众引入优必选工业版人形机器人 Walkers

一汽大众开放了其位于青岛的"国家级智能制造示范工厂"生产线应用场景，引入优必选工业版人形机器人 Walkers。这款人形机器人身高 1.7 米，拥有 41 个高性能伺服关节、多维力觉、多目立体视觉、全向听觉和惯性、测距等全方位感知系统，并配备了全新一代融合控制算法。它可以用于螺栓拧紧、零件安装、零件转运等操作，还能通过与工厂系统的互通，实时回传采集数据并传输至工厂系统，实现信息的即时共享，提高生产线的灵活性和适应性。

通过这些具体的实践案例，我们可以看到人形机器人在生产线自动化中的重要作用。它们不仅能够承担高强度、重复性的工作，

第五章　人形机器人在工业领域的落地与应用

还能够适应各种复杂环境和任务，提高生产效率和产品质量。随着技术的不断进步和应用场景的拓展，人形机器人在工业领域的应用前景将更加广阔。

二、人形机器人在精密制造中的作用

精密制造是现代工业的核心竞争力之一，要求高精度、高稳定性和高可靠性的生产环境。人形机器人以其卓越的灵活性和精度，成为精密制造领域的重要工具（见图5-1）。

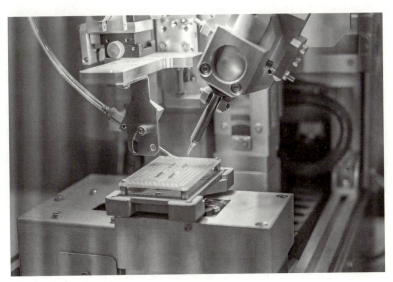

图 5-1　人形机器人精密化生产场景

1. 高精度作业的实现

在精密制造过程中，对于零部件的尺寸、形状和位置的精度要求极高。人形机器人通过先进的机械臂设计和精密的运动控制系统，能够实现微米级的定位精度和重复定位精度。这使得它们能够胜任各种高精度作业任务,如微小零件的装配、高精度打磨和切割等。例如,在制造领域,人形机器人可以精确地将微小的零件放置到指定的位置上,确保产品的质量和性能。

劳力士作为世界著名的高端手表品牌,其精湛的制表工艺和卓越的品质一直备受推崇。在劳力士的精密制造过程中,人形机器人发挥了重要的作用。

在手表机芯的组装环节,人形机器人承担着关键的任务。这些机器人拥有极其精细的动作控制能力,可以准确地将微小的齿轮、螺丝和弹簧等零件组装在一起。它们通过高分辨率的视觉系统,能够识别和定位每一个零件的位置,确保组装的精度和准确性。

比如,组装复杂的陀飞轮机芯。这个过程需要极高的精度和耐心,因为陀飞轮机芯由众多微小的零件组成,任何一个零件的安装错误都可能导致手表无法正常运行。人形机器人凭借其稳定的性能和精准的操作,能够将每一个零件都安装到正确的位置上,确保机芯的完美运行。

此外,人形机器人还可以进行一些传统人工难以完成的任务,比如在手表的表盘上进行精细的雕刻和装饰。它们可以根据预设的程序,在表盘上刻画出精美的图案和文字,为手表增添独特的艺术魅力。同时,人形机器人的使用也提高了生产效率,使得劳力士能够满足全球市场对其高端手表的需求。

2. 复杂环境的适应能力

精密制造往往需要在特定的环境中进行,如无尘车间、恒温恒湿环境等。人形机器人具备较强的环境适应能力,可以在这些特殊环境下稳定工作。它们通过先进的传感器和控制系统,能够实时感知环境参数的变化,并做出相应的调整,确保生产过程的稳定性和可靠性。

　　库卡作为全球知名的工业机器人制造商,其研发的人形机器人在精密制造的复杂环境中有着出色的表现。

　　在智能手机制造工厂中,生产环境复杂多变。各种高精度的设备不停运转,不同的生产工序紧密衔接。库卡的人形机器人被应用于手机主板的组装环节。在这个过程中,人形机器人需要应对狭小的操作空间、快速变化的生产任务以及可能出现的干扰因素。凭借先进的视觉系统和精准的动作控制,它能够准确识别主板上的微小元件,并将其精确地安装到指定位置。即使周围有其他设备产生的轻微振动或者电磁干扰,人形机器人也能通过自身的稳定系统保持操作的准确性。例如,当生产线上的物料输送出现短暂延迟时,人形机器人可以迅速调整工作节奏,等待物料到位后继续高效地进行组装工作,充分展现了在精密制造复杂环境中的强大适应能力。

3. 柔性生产线的构建

　　随着市场需求的不断变化,柔性生产线成为精密制造领域的发展趋势。人形机器人具有高度的灵活性和可编程性,可以根据生产需求进行快速调整和重新配置。这使得它们能够轻松应对产品种类的变化和产量的波动,实现生产线的快速切换和高效运行。

4. 人机交互的优化

　　在精密制造过程中,人机交互是一个重要的环节。人形机器人通过人性化的设计和智能的交互系统，能够与工人进行高效的沟通和协作。它们可以接收工人的指令并做出相应的反应，同时还能够提供实时的反馈和信息，帮助工人更好地掌握生产情况并进行决策。

本田作为全球知名的汽车及机械制造企业，在人形机器人的研发和应用方面取得了显著成果。在其精密制造领域，人形机器人在人机交互方面不断优化。

在本田的汽车发动机制造车间，人形机器人与工人协同工作。这些机器人配备了先进的传感器和交互界面，能够实时感知工人的动作和指令。当工人需要机器人协助进行某个复杂的组装任务时，只需通过简单的手势或语音指令，机器人就能快速响应。例如，工人用手指向一个特定的零件，机器人会立即识别并准确地抓取该零件，然后按照工人的指示进行安装。同时，机器人还会通过显示屏向工人反馈任务进度和操作状态，以便工人随时掌握生产情况。在人机交互过程中，机器人还能根据工人的习惯和偏好进行个性化调整，提高工作效率和舒适度。这种人机交互的优化，不仅提升了精密制造的效率和质量，也为工人创造了更加安全和便捷的工作环境。

第二节　人形机器人在危险作业与环境中的优势

一、人形机器人在危险作业中的优势

在许多工业领域，存在着一些高危险性、高污染性或人类难以直接介入的作业环境。在这些情况下，人形机器人展现出了独特的优势，它们能够代替人类在恶劣环境中执行任务，从而保障人员的

安全，并提高作业效率。

1. 减少人员伤亡风险

在涉及高温、高压、辐射、有毒有害物质等危险作业环境中，人员的生命安全始终是第一位的。人形机器人可以替代人类在这些极端条件下工作，从而极大地降低了人员伤亡的风险。例如，在核能设施中，人形机器人可以执行对放射性物质的检测和处理任务，避免了人员直接接触辐射源。

2. 提高作业效率与准确性

在某些作业中，由于环境的复杂性和危险性，人类操作往往受到极大的限制，导致作业效率低下或准确性不高。人形机器人可以通过其精确的运动控制和强大的环境适应能力，完成这些高难度的任务。例如，在灾难救援现场，人形机器人可以快速进入倒塌的建筑物中，搜索被困人员并提供及时救援，其作业效率和准确性远超人类。

3. 适应复杂多变的环境

危险作业环境往往复杂多变，可能存在各种未知的风险和障碍。人形机器人具备较强的环境感知和适应能力，可以通过传感器实时获取环境信息，并根据实际情况进行自主决策和调整。这使得它们能够在复杂多变的环境中稳定工作，完成各种复杂的任务。

4. 连续作业能力强

与人类相比，人形机器人在作业过程中不受疲劳、饥饿等生理因素的限制，可以连续进行长时间的作业。这对于需要长时间监控或连续作业的任务来说，具有极大的优势。例如，在石油钻井平台上，人形机器人可以连续进行设备的巡检和维护工作，从而确保平台的安全稳定运行。

5. 降低对专业人员的依赖

一些危险作业需要高度专业化的技能和知识，而这些技能和知识往往难以广泛培养。人形机器人的应用可以降低对专业人员的依赖，使得更多的人员能够参与到危险作业中。通过编程和远程操控，普通人员也可以指挥人形机器人完成复杂的任务。

综上所述，人形机器人在危险作业中的优势显著。它们不仅能够保障人员的安全，提高作业效率和准确性，还能适应复杂多变的环境，并具备强大的连续作业能力。随着技术的不断进步和应用的深入推广，人形机器人在危险作业领域的应用前景将更加广阔。

二、人形机器人在极端条件下的作业能力

极端条件通常指的是那些超出人类生理极限和常规机械作业能力的环境，如高温、低温、高压、高辐射、高湿度、真空等环境。在这些条件下，人形机器人凭借其独特的设计和先进的技术，展现出了强大的作业能力。

1. 极端温度环境的适应能力

在极端温度环境下，无论是高温还是低温，都会对机器人的材料、结构和电子元件提出严峻的挑战。人形机器人通过采用特殊的耐高温或耐低温材料，以及优化散热或保温设计，能够在极端温度条件下保持稳定的运行状态。例如，在炼钢炉旁，人形机器人可以替代工人进行高温部件的搬运和安装工作，其耐高温的外壳和内部

第五章 人形机器人在工业领域的落地与应用

冷却系统确保了人形机器人在高温环境中长时间作业。

2. 高压与真空环境的作业表现

高压环境常见于深海作业和某些特殊工业领域，而真空环境则多出现在太空探索和某些实验室中。人形机器人在这些环境中的作业能力同样令人瞩目。它们通过增强结构的抗压能力和设计特殊的密封系统，可以在高压或真空环境中正常工作。在深海作业中，人形机器人可以承受巨大的水压，进行海底资源勘探和设备维护；在太空探索中，它们可以适应真空和微重力环境，执行各种科学实验和空间站维护任务。

美国国家航空航天局（NASA）研发的Valkyrie机器人被设计应用于极端的太空环境中执行各种任务。太空环境极其恶劣，充满了高辐射、微重力以及极端的温度变化。然而，Valkyrie凭借其先进的技术和强大的适应能力，能够在这样的环境中出色地完成任务。

在一次模拟的太空站维修任务中，Valkyrie被派遣去修复一个受损的太阳能电池板。在微重力的环境下，它利用自身精确的动作控制和平衡系统，稳定地在太空站外表面移动。通过高分辨率的视觉传感器，Valkyrie能够准确地识别出受损的部位，并使用专门设计的工具进行维修。它的机械手臂可以灵活地操作各种工具，完成复杂的维修任务，如更换损坏的零件、焊接断裂的线路等。

在高辐射的环境中，Valkyrie的防护系统发挥了重要作用。它的外壳采用了特殊的材料，可以有效地阻挡辐射，保护内部的电子设备和传感器。同时，Valkyrie还配备了先进的辐射监测设备,能够实时监测周围的辐射水平,并根据情况调整自己的行动策略。

此外,Valkyrie 还可以与宇航员进行协作。在任务过程中,宇航员可以通过远程控制或语音指令对机器人进行操作,实现人机协同工作。这种协作模式不仅提高了任务的效率,还降低了宇航员面临的风险。

3. 高辐射环境的防护与作业

高辐射环境是许多工业领域和科研活动中不可避免的恶劣条件。人形机器人在这类环境中通过采用辐射防护材料和屏蔽技术,可以有效降低辐射对人形机器人自身和其所携带设备的影响。这使得它们能够在核电站、放射性废物处理场所以及太空探索中安全作业,执行辐射监测、设备维护等关键任务。

4. 高湿度与高腐蚀性环境的应对

高湿度和高腐蚀性环境对于人形机器人材料的抗腐蚀性和电气元件的绝缘性提出了很高的要求。人形机器人通过采用防腐材料和特殊的密封处理,能够在这些环境中保持稳定的性能。例如,在化工厂中,人形机器人可以执行化学品的搬运和混合任务,其耐腐蚀的外壳和密封设计确保了人形机器人在高湿度和高腐蚀性环境中正常工作。

5. 多任务处理能力与灵活性

除了对极端环境的适应能力,人形机器人在极端条件下的作业能力还体现在其多任务处理能力和灵活性上。人形机器人具备与人类相似的身体结构和运动能力,这使得它们能够执行各种复杂的任

第五章 人形机器人在工业领域的落地与应用

务,如开关阀门、操作仪器、搬运重物等。同时,它们还可以通过编程和远程操控,实现与其他机器人或人员的协同作业,提高作业效率和质量。

在实际应用中,人形机器人在极端条件下的作业能力得到了充分的验证。例如,在核电站中,人形机器人被应用于执行放射性物质的清理和设备维护工作,降低了人员接触辐射的风险;在深海探索中,它们能够深入海底进行资源勘探和生态调查;在太空探索中,人形机器人更是发挥了不可替代的作用,执行了许多关键的科研和实验任务。

三、人形机器人在灾难救援中的应用

灾难救援是一项复杂而艰巨的任务,涉及生命的搜救、环境的评估、物资的运输等多个方面。人形机器人在这一领域的应用,不仅能提升救援效率,还能代替人类发挥重要的作用。救援人形机器人,如图 5-2 所示。

图 5-2 救援人形机器人

1. 人形机器人的独特形态与灾难现场适应性

人形机器人的形态设计使其能够模仿人类的动作和姿态，这使得它们在各种灾难现场具有更强的适应性。

在地震后的废墟中，人形机器人可以像人类一样爬行、弯腰、穿越狭窄的缝隙，进入人类难以到达的区域进行搜救。同时，它们还可以利用手部的精细动作能力，操作救援工具或搬运小型物品，为救援工作提供有力支持。

在法国巴黎圣母院的火灾中，一款名为"巨人（Colossus）"的人形消防机器人发挥了重要作用。它是一个装有软管和摄像头的遥控机器人，既耐火又防水。它进入火灾现场，有效地对抗并扑灭了火焰，减少了消防员进入危险区域的需要。

日本在 2011 年大地震后，花费了 5 年时间、耗资 13.8 亿日元开发了消防机器人部队——"前锋部队"。其中，包括空中监视和监视机器人"天空之眼"、地面机器人"陆地之眼"、软管展开机器人"硬式卷筒（延伸软管）"以及"水炮"机器人等。这些机器人可以在消防员难以到达的危险地点进行灭火，比如在火灾中侦察起火处、喷水或将水管送达至相关人员安全作业的地方。

斯坦福大学还研发了 OceanOne 水下人机交互机器人，在深海沉船事故中，OceanOne 通过远程操控，以最接近真人潜水的方式在水下进行探索。它具有摄像功能，能让操控者拥有身处水下的感觉，并且可以在水下更为细致地活动，检查和维修船只等水下基础设施。

第五章 人形机器人在工业领域的落地与应用

2. 深入探测与精准定位受灾者

人形机器人在灾难救援中的另一个独特应用是深入探测和精准定位受灾者。通过搭载先进的传感器和成像设备，人形机器人可以深入废墟或灾区内部，实时传输环境信息和图像数据，帮助救援人员了解受灾情况并确定受灾者的位置。此外，人形机器人还可以利用声音识别、生命体征探测等技术，对受灾者进行精准定位，提高搜救效率。

3. 人形机器人的情感交流与心理安抚

除了物理层面的救援工作，人形机器人在灾难救援中还能发挥情感交流与心理安抚的作用。通过模拟人类的面部表情和语音交流，人形机器人可以与受灾者进行情感上的互动，缓解他们的紧张和恐惧情绪。在灾难后的心理疏导工作中，人形机器人可以作为一个友善的陪伴者，为受灾者提供情感支持和安慰。

4. 人形机器人在复杂环境下的自主决策与协同作业

灾难救援现场往往环境复杂多变，充满了不确定性和危险性。人形机器人通过先进的自主决策系统和协同作业能力，可以在这种环境下独立应对各种挑战。它们可以根据实时环境信息进行自主导航和避障，在确保自身安全的同时完成救援任务。此外，人形机器人还可以与其他机器人或救援人员进行协同作业，共同应对复杂的救援场景。

近年来，随着技术的不断进步和应用场景的拓展，人形机器人在灾难救援中的应用逐渐增多。例如，在地震救援行动中，人形机器人成功进入了倒塌的建筑物内部，通过实时传输图像数据帮助救援人员定位了被困者的位置；在火灾救援中，人形机器人利用自身的耐高温性能进入火场内部进行搜救工作，成功救出了被困人员。这些实践案例充分展示了人形机器人在灾难救援中的独特优势和潜力。

第六章 人形机器人在服务业的创新应用

第一节　人形机器人引发零售业变革

一、人形机器人作为智能导购的实践

1. 人形机器人与智能导购

智能导购，顾名思义，是利用先进的人工智能技术为消费者提供智能化、个性化的购物指导服务。在信息化、大数据的时代背景下，消费者的购物需求日益多元化、个性化，传统的导购方式已难以满足市场的快速变化。智能导购的出现，不仅能精准把握消费者的购物需求，提供个性化的商品推荐，还能通过数据分析优化库存管理，提升零售业的运营效率。

人形机器人作为智能导购的实践者，具有得天独厚的优势。它们拥有高度仿真的外观和动作，能够与人类进行自然的交互，为消费者提供亲切、便捷的购物体验。同时，人形机器人还搭载了先进的人工智能技术，包括深度学习、自然语言处理、计算机视觉等，使其能够准确理解消费者的需求，并提供精准的商品推荐。

在具体实践中，人形机器人可以通过语音识别技术，与消费者进行实时对话，了解他们的购物需求和偏好。同时，人形机器人还可以通过图像识别技术，识别消费者的面部表情和肢体语言，进一步捕捉他们的情绪和意图。基于这些信息，人形机器人可以运用机器学习算法，对消费者的购物行为进行深度分析，从而为他们提供个性化的商品推荐和购物建议。

此外，人形机器人还可以与零售店的后台系统进行实时连接，实现库存查询、订单处理等功能。当消费者选择购买商品时，人形机器人可以迅速完成订单处理，并引导消费者前往付款区或提供线上支付服务。这种无缝衔接的购物体验，不仅提升了消费者的满意度，也提高了零售店的运营效率。

目前，已有不少企业开始尝试将人形机器人应用于智能导购领域。

知名零售企业"未来购物"率先引入了人形机器人导购员。这些人形机器人导购员不仅外观时尚、动作自然，还具备强大的智能导购能力。它们可以根据消费者的购物历史和浏览记录，为其推荐合适的商品；同时，它们还可以根据消费者的反馈和需求，不断优化推荐算法，提升导购效果。

除了"未来购物"，还有一些创新型企业在积极探索人形机器人导购的应用。

"智能零售科技"公司开发了一款名为"小智"的人形机器人导购员。这款人形机器人不仅具备智能导购功能，还能与消费者进行情感交流，提供娱乐互动等服务。通过搭载先进的情感计算技术，"小智"能够识别消费者的情绪变化，并据此调整自己的导购策略，使购物体验更加愉悦和舒适。

2. 人形机器人导购的优点

人形机器人导购的优点如下：

（1）智能化程度高：人形机器人能够准确理解消费者的需求，并提供个性化的商品推荐。

（2）服务效率高：人形机器人可以 24 小时不间断地提供服务，且处理订单的速度远快于人工。

（3）降低人力成本：引入人形机器人导购员可以减少对人工导购的依赖，降低企业的人力成本。

3. 人形机器人导购的缺点

人形机器人导购的缺点如下：

（1）技术成本较高：目前人形机器人的研发和制造成本仍然较高，可能限制了其在零售业的广泛应用。

（2）技术成熟度有待提升：虽然人形机器人在智能导购方面取得了显著进展，但仍存在一些技术挑战需要克服，如语音识别、图像识别的准确性等。

4. 人形机器人导购的改进

为了进一步提升人形机器人导购的效果和普及率，可以从以下几个方面进行改进：

（1）加强技术研发：持续投入研发资源，提升人形机器人在语音识别、图像识别、自然语言处理等方面的技术水平。

（2）优化导购算法：通过收集和分析更多的消费者数据，优化导购算法，提高推荐的准确性和个性化程度。

（3）降低制造成本：通过改进生产工艺和材料选择，降低人形机器人的制造成本，使其更加适合大规模商用。

尽管人形机器人在智能导购方面展现出了强大的潜力，但目前来看，它们并不能完全替代人类导购。人类导购员具有独特的情感交流能力和丰富的销售经验，能够为消费者提供更加人性化、个性化的服务。人形机器人可以作为人类导购的有力补充，共同提升零售业的服务水平。

随着人工智能技术的不断进步和应用场景的不断拓展，人形机器人导购的发展前景将更加广阔。未来，我们可以期待人形机器人在导购准确性、个性化服务、人机交互等方面取得更大的突破。同时，随着消费者对智能化、自动化服务的接受度不断提高，人形机器人导购也将逐渐成为零售业的新常态。

二、人形机器人在仓储管理与配送中的创新

在仓储管理与配送领域，人形机器人的应用可谓是革命性的。它们凭借独特的形态和智能化能力，为这一传统行业注入了新的活力（见图6-1）。

人形机器人的设计初衷就是模仿人类，这使得它们在执行仓储任务时能够更加贴近人类的工作方式。它们的四肢可以像人一样灵活运动，轻松搬运各种形状和重量的物品。此外，人形机器人的身高和视野与人类相近，使得它们能够更容易地识别和定位仓库中的货物，从而大大提高了仓储管理的效率。

第六章 人形机器人在服务业的创新应用

图 6-1 人形机器人在物流领域的模拟场景

亚马逊与美国初创公司 Agility Robotics 合作，在其仓库中启用了名为 Digit 的人形机器人。Digit 大小和成年人差不多，最多可承载 16 千克，能够自由移动。它主要用于搬运空的周转箱以及协助员工进行手提箱回收等高度重复的工作。它可以在仓库的各个空间和角落灵活地移动，抓取和处理物品，其尺寸和形状适配现在的仓库建筑。

借助先进的机器视觉和人工智能技术，人形机器人能够实现智能路径规划和自主导航。它们能够实时感知仓库内的环境变化，并根据货物的分布和配送需求，自主规划出最优的搬运路径。这不仅减少了人力成本，还避免了人为因素导致的错误和延误，提高了仓储管理的精准性和时效性。

人形机器人的另一个创新点是它们能够与人类进行自然的人机交互。通过语音识别和合成技术，人形机器人能够理解人类的指令和需求，并做出相应的回应和操作。这使得人形机器人能够更好地融入人类的工作环境，与人类员工协同作业，共同完成仓储管理任务。同时，人形机器人还可以通过云端数据共享和协同工作，实现多台人形机器人之间的信息互通和任务分配，进一步提高工作效率。

除了在仓储管理方面的创新，人形机器人还在提升顾客体验方面发挥了重要作用。它们可以通过模拟人类的表情和动作，与顾客进行互动和交流，为顾客提供更加亲切和个性化的服务。例如，在商场或超市中，人形机器人可以主动迎接顾客，提供导航和咨询服务；在试衣间或收银台，人形机器人可以协助顾客完成试衣或结账等操作。这种情感化的设计使人形机器人不再是冷冰冰的机器，而是成为顾客购物过程中的贴心伙伴。

人形机器人的另一个重要创新是它们具备深度学习和持续优化的能力。通过不断地学习和积累数据，人形机器人能够不断优化自身的性能和行为模式，以适应不断变化的仓储环境和客户需求。这种能力使人形机器人能够在长期的工作中不断提升效率和质量，为零售业带来持续的价值和竞争优势。

在仓储管理与配送中，安全始终是首要考虑的因素。人形机器人在设计时就充分考虑了这一点，采用了多重安全保护措施。例如，它们配备了碰撞传感器和紧急制动系统，能够在遇到障碍物或突发情况时迅速做出反应，避免事故的发生。此外，人形机器人还通过智能算法优化运动轨迹和速度，确保在搬运过程中不会对货物或人员造成损害。

人形机器人在仓储管理与配送中的创新不仅体现在技术层面，更在于它们如何与人类协作，提升整个零售业的效率和顾客体验。通过智能路径规划、自主导航、人机交互、情感化设计以及深度学习和持续优化等创新点的应用，人形机器人正在逐步改变零售业的面貌，为行业带来前所未有的变革和发展机遇。

第六章　人形机器人在服务业的创新应用

第二节　人形机器人在旅游与娱乐业的拓展

一、人形机器人在酒店服务中的新体验

1. 人形机器人提供新体验

旅游与娱乐业是现代服务业的重要组成部分，一直在追求创新以提升客户体验。随着科技的飞速发展，人形机器人逐渐走进这一领域，为旅游与娱乐业带来了前所未有的变革。其中，人形机器人在酒店服务中的应用尤为引人注目，它们以独特的方式，为游客提供了全新的住宿体验。

传统酒店服务注重的是人性化、细致入微的关怀，然而随着旅游业的快速发展和游客需求的多样化，传统服务方式已难以满足所有客户的需求。而人形机器人的出现，为酒店服务带来了全新的可能性。

以"智慧酒店"为例，该酒店引进了多款人形机器人，为游客提供了从入住到离店的一站式服务。这些人形机器人不仅拥有高度仿真的人类外观，还配备了先进的语音识别、人脸识别等技术，能够准确识别游客的需求并提供相应的服务。

在入住环节，游客可以通过手机 App 或酒店前台与人形机器人进行交互，完成房间预订、入住登记等手续。人形机器人会根据游客的喜好和需求，为其推荐合适的房型和楼层，并引导游客前往房间。

在客房服务方面，人形机器人更是发挥出了巨大的优势。它们可以自主进入房间，为游客提供清洁、整理、送餐等服务。同时，人形机器人还能根据游客的需求，调节房间温度、湿度、灯光等环

境参数,为游客打造舒适的住宿环境。

此外,人形机器人还能为游客提供娱乐和休闲服务。它们可以与游客进行互动游戏、播放音乐、讲解景点等,为游客的旅行增添乐趣。

  日本的豪斯登堡主题公园,引入了一批极具特色的人形机器人,为游客带来了全新的旅游体验。

  这些人形机器人被设计成各种可爱的形象:有的像童话中的小精灵,有的则酷似古代的武士。它们分布在公园的各个角落,与游客进行互动。

  当游客走进公园大门时,会有一个热情的人形机器人迎上来,用多种语言向游客问好,并提供公园的地图和游览建议。在一些热门景点,人形机器人会担任导游的角色,为游客详细介绍景点的历史和特色。比如在仿造荷兰风车的区域,机器人会讲述荷兰风车的工作原理及其在荷兰文化中的重要地位,让游客在欣赏美景的同时,也能增长知识。

  在公园里的餐厅,也有人形机器人为游客服务。它们可以准确地记住游客的点餐需求,并迅速将食物送到餐桌上。有的机器人还会表演一些小魔术或唱歌跳舞,为游客增添用餐的乐趣。

  此外,豪斯登堡主题公园还举办了人形机器人表演秀。在一个专门的舞台上,人形机器人展示各种高难度的动作和舞蹈,配合精彩的灯光和音乐效果,让游客仿佛置身于一个未来世界。这场表演秀成为公园的一大亮点,吸引了众多游客前来观看。

比如国内一家以科技为主题的高端酒店"未来驿站酒店",

其引入的人形机器人管家"小未"成为酒店的一大亮点。小未拥有流畅的人形外观和智能的交互系统,能够为客人提供多样化的服务。

入住酒店时,客人可以通过与小未的语音交互完成入住手续,无须在前台排队等待。小未能够识别客人的声音并快速处理相关信息,为客人提供高效便捷的服务。

在客房服务方面,小未可以根据客人的需求,自主完成房间清洁、更换床单等任务。客人只需通过酒店 App 或房间内的控制系统发出指令,小未便能迅速响应并执行。

同时,小未还具备娱乐功能。它可以为客人提供音乐、电影等娱乐内容,并与客人进行简单的对话和互动,为客人的住宿体验增添乐趣。

2. 人形机器人的优缺点

人形机器人在酒店服务中的优点显而易见。它们能够 24 小时不间断地提供服务,不受时间和空间的限制;同时,人形机器人能够准确执行指令,避免人为因素导致的服务失误;此外,人形机器人的引入还降低了酒店的人力成本,提高了工作效率。人形机器人在酒店服务中的应用,不仅提升了酒店的服务效率和质量,还为游客带来了全新的住宿体验。通过人形机器人的智能化服务,酒店能够更好地满足游客的个性化需求,提升游客的满意度和忠诚度。

人形机器人在旅游娱乐业的应用还具有广阔的市场前景。随着技术的不断进步和成本的降低,人形机器人将在更多领域(如运动领域,见图 6-2)得到应用,为旅游娱乐业带来更多的创新和机遇。

然而,人形机器人在酒店服务中也存在一些缺点和不足。首先,人形机器人的智能化水平还有待提高,目前尚不能完全替代人类员工进行复杂的服务工作;其次,人形机器人的维护和保养需要专业的技术人员进行,增加了酒店的运营成本;最后,部分游客可能对人形机器人持有疑虑或抵触心理,需要酒店进行充分的解释和引导。

图 6-2　运动型人形机器人模拟展示

二、人形机器人在旅游娱乐中的互动应用

随着科技的飞速发展,旅游娱乐业正在经历一场前所未有的变革。人形机器人作为先进科技的代表,正逐渐渗透到这一领域,以其独特的互动方式和智能化功能,为游客带来全新的体验。

1. 人形机器人的智能导游服务

传统的导游服务往往受限于导游的知识储备和语言能力,无法为游客提供全面、个性化的解说服务。而人形机器人则可以通过深度学习和大数据分析，掌握丰富的旅游知识，并根据游客的需求和兴趣，提供定制化的导游服务。

这些人形机器人不仅能够用多种语言为游客解说景点历史、文化背景，还能通过 AR 技术，将虚拟的影像与实景相结合，为游客呈现一个更加生动、逼真的旅游场景。游客可以通过与人形机器人的互动，深入了解景点的各个方面，获得更加丰富的旅游体验。

2. 人形机器人的娱乐表演互动

在旅游娱乐中，娱乐表演是不可或缺的一部分。而人形机器人的加入，为娱乐表演注入了新的活力。这些人形机器人不仅拥有高度仿真的人形外观，还能够模拟人类的动作和表情，为游客带来更加逼真的表演效果。

通过编程和遥控，人形机器人可以完成各种复杂的舞蹈、武术等表演动作，甚至可以与游客进行互动，共同完成表演。这种新颖的表演形式不仅吸引了众多游客的目光，也为旅游娱乐业带来了更多的创新点和商业机会。

3. 人形机器人的主题乐园体验

主题乐园作为旅游娱乐的重要组成部分，一直在追求更加刺激、有趣的游乐体验。人形机器人的引入，为主题乐园带来了全新的互动体验。

在主题乐园中，人形机器人可以作为角色扮演者，与游客进行互动游戏、表演等。它们可以根据不同的主题和场景，变换形态和装扮，为游客带来更加真实、有趣的体验。同时，人形机器人还可以配备各种传感器和控制器，实现与游客的肢体互动、语音互动等，让游客更加深入地参与游乐活动。

此外，人形机器人还可以作为导游和助手，为游客提供导航、解答疑问等服务。它们可以通过智能识别和定位技术，为游客提供准确的路线指引和景点介绍，让游客更加轻松地享受旅游的乐趣。

4. 人形机器人在虚拟现实旅游中的应用

近年来，虚拟现实技术逐渐走进人们的生活，为旅游娱乐业带来了全新的体验方式。而这一技术与人形机器人的结合，使这种体验更加真实和生动。

通过穿戴虚拟现实设备，游客可以进入一个由人形机器人引导的虚拟旅游场景。人形机器人可以模拟导游的角色，为游客提供详细的解说和引导。同时，人形机器人还可以根据游客的反应和需求，调整虚拟场景的内容和效果，为游客带来更加个性化的旅游体验。

这种虚实结合的旅游方式不仅让游客在家中就能感受到世界各地的美景和文化，也为旅游业提供了更加广阔的商业空间和可能性。

5. 人形机器人在旅游安全监控中的应用

在旅游娱乐中，安全始终是最重要的考虑因素之一。人形机器人的应用，也为旅游安全监控提供了新的解决方案。

人形机器人可以配备高清摄像头、红外传感器等设备，对旅游区域进行实时监控和巡逻。它们可以通过智能分析和识别技术，及时发现并处理安全隐患和异常情况，确保游客的安全和秩序。同时，人形机器人还可以与游客进行互动，提醒游客注意安全事项和遵守规定，为旅游安全提供更加全面和有效的保障。

第六章　人形机器人在服务业的创新应用

随着技术的不断进步和应用场景的不断拓展，人形机器人在旅游娱乐中的互动应用将更加广泛和深入。我们可以预见，未来人形机器人将更加智能化、个性化，能够更好地理解和满足游客的需求；同时，人形机器人也将更加逼真、生动，能够为游客带来更加真实、有趣的体验。此外，随着虚拟现实、增强现实等技术的进一步发展，人形机器人将与这些技术更加紧密地结合，为游客打造更加沉浸式的旅游体验。

人形机器人在个人健康管理与服务中的应用

一、人形机器人在日常健康监测中的作用

随着科技的飞速发展，个人健康管理逐渐成为人们关注的焦点。在这个背景下，人形机器人凭借其智能化、人性化的特点，开始深入个人健康管理与服务的各个领域，为人们的健康生活提供了强有力的支持。

在日常健康监测方面，人形机器人展现出了独特的优势。它们不仅具备高精度的生物传感器，能实时监测个体的生理指标，如心率、血压、血糖等，还能通过深度学习和大数据分析，对个体的健康状况进行全面评估。

这些人形机器人可以通过与用户的日常互动，获取用户的身体数据，并结合用户的生活习惯、家族病史等信息，为用户制订个性化的健康管理方案。它们能够智能识别用户的健康风险，提前预警并给出相应的建议，帮助用户预防疾病的发生。

此外，人形机器人还可以与智能医疗设备无缝对接，实现远程医疗监护和紧急救援。当用户的生理指标出现异常时，人形机器人

能够迅速做出反应，与医疗机构进行实时通信，为用户提供及时的医疗救助。

在实际应用中，人形机器人已经开始进入人们的日常生活。例如，一些高端社区和养老院开始引入人形机器人作为健康管家，为居民提供全方位的健康管理服务。这些人形机器人不仅能够定期为居民进行健康检查，还能根据居民的需求提供个性化的健康咨询和指导。

同时，随着技术的不断进步，人形机器人在日常健康监测中的应用也将更加广泛和深入。我们可以预见，未来这些人形机器人将更加智能化、精准化，能够为用户提供更加全面、细致的健康管理服务。它们将成为人们健康生活的重要伴侣，为人们带来更加健康、美好的生活体验。

二、人形机器人在康复训练与辅助中的实践

随着医疗科技的不断发展，人形机器人在康复训练与辅助领域的应用逐渐受到关注。通过结合先进的机器人技术、传感器技术以及人工智能算法，这些人形机器人能够为康复患者提供高效、个性化的训练方案，帮助他们更快地恢复身体功能。

实践案例一：康复机器人 Exo-Skeleton 在步态训练中的应用

Exo-Skeleton 是一种专门设计用于步态训练的人形机器人（见图6-3）。它通过穿戴在患者身上的机械外骨骼结构，为患者提供稳定的支撑和辅助力量。在康复过程中，Exo-Skeleton 可以根据患者的步态特点和需求，智能调整人形机器人的动作和力量输出，帮助患者逐步恢复正常的行走能力。

在实际应用中，康复机器人 Exo-Skeleton 已经在多家康复

第六章 人形机器人在服务业的创新应用

中心和医院得到了广泛应用。例如，在某康复中心，一位因中风导致下肢瘫痪的患者通过接受 Exo-Skeleton 的步态训练，成功恢复了行走能力。在训练过程中，人形机器人不仅提供了稳定的支撑，还根据患者的进步情况逐渐调整训练难度，使患者在安全、舒适的环境中逐步提升步态稳定性。

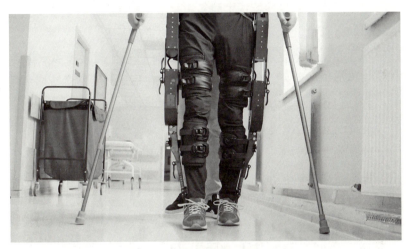

图 6-3　步态训练穿戴式人形机器人

实践案例二：智能康复助手 NAO 在认知康复中的应用

NAO 是一款具有人形外观和高度智能化的人形机器人，它在认知康复领域也展现出了强大的潜力。通过与患者进行语音交互、面部表情识别等方式，NAO 机器人可以帮助患者进行记忆、注意力、思维等方面的训练。

在认知康复实践中，NAO 机器人常被用于辅助老年痴呆症患者或脑损伤患者的康复训练。例如，在某养老院，NAO 机器人通过定期与患者进行互动游戏、讲故事等活动，有效提升了患者的记忆力和注意力水平。同时，NAO 机器人还能够根据患者的反馈和表现，智能调整训练难度和内容，确保训练效果的最大化。

实践案例三：上肢康复机器人 ARM Guide 在上肢功能恢复中的应用

ARM Guide 是一款专门用于上肢康复训练的人形机器人。它采用先进的传感器技术和算法，能够精准识别患者的上肢动作和力量输出，为患者提供个性化的康复方案。

在上肢康复实践中，ARM Guide 机器人通过模拟日常生活中的上肢动作，能帮助患者进行肌肉锻炼和关节活动度的提升。例如，在某康复医院，一位因车祸导致上肢功能受损的患者通过接受 ARM Guide 机器人的康复训练，成功恢复了手臂的灵活性和力量。在训练过程中，ARM Guide 机器人不仅提供了精准的动作指导，还通过实时反馈机制，帮助患者纠正错误的动作习惯，提高训练效果。

三、人形机器人在个人健康管理计划中的定制化服务

1. 人形机器人的定制化服务

随着个性化需求的不断增长，传统的"一刀切"式健康管理方案已经无法满足现代人的需求。每个人的身体状况、生活习惯、遗传因素等都存在差异，因此，一个能够根据个人具体情况制订健康管理方案的定制化服务显得尤为重要。人形机器人凭借其智能化、精准化的特点，能够深入了解个体的健康状况和需求，从而为其提供个性化的健康管理计划。

定制化服务的必要性主要体现在以下几个方面：首先，它可以根据个人的生理指标、生活习惯和健康状况，制定针对性的健康建

第六章 人形机器人在服务业的创新应用

议,从而提高健康管理的有效性;其次,定制化服务能够更好地满足个人的需求,提高用户的满意度和参与度;最后,通过定制化服务,可以更有效地预防和控制疾病,提高人们的生活质量。

要实现人形机器人在个人健康管理计划中的定制化服务,主要依赖以下几个关键技术:生物传感器技术、大数据分析技术、人工智能算法以及人机交互技术。

生物传感器技术用于实时监测和记录个体的生理指标;大数据分析技术则可以对这些数据进行深度挖掘和分析,发现个体的健康风险和潜在问题;人工智能算法则可以根据这些数据和分析结果,为用户制订个性化的健康管理方案;人机交互技术则使得人形机器人能够与用户进行自然、便捷地交互,从而获取用户的反馈和需求,不断完善和优化健康管理方案。

在实际应用中,人形机器人通过与用户的日常互动,不断收集和分析用户的健康数据,结合用户的个人喜好、生活习惯等信息,为用户制订个性化的健康管理计划。同时,人形机器人还可以根据用户的反馈和需求,对计划进行动态调整,确保其始终符合用户的期望和需求。

2. 人形机器人的落地应用

目前,人形机器人在个人健康管理计划中的定制化服务已经开始在一些高端医疗机构、健康管理中心以及科技创新型企业中落地应用。这些机构和企业通过引入人形机器人,为用户提供个性化的健康管理服务,包括健康咨询、健康监测、疾病预防等多个方面。

某知名健康管理机构引入了一款名为"健康守护者"的人形机器人作为健康管理顾问。这款机器人能够通过与用户的交互,了解用户的身体状况、生活习惯等信息,并为用户制订个性化的健康管理方案。同时,这款人形机器人还能够根据用户的反馈和需求,对方案进行动态调整,确保用户始终能够得到最适合自己的健康管理服务。

在实际应用中,中年白领张先生由于工作压力大、生活节奏快,常常感到身体疲劳和不适。他选择了"健康守护者"作为他的个人健康管理助手。人形机器人首先通过一系列的健康测试,详细了解了张先生的身体状况和生活习惯。随后,基于这些数据,人形机器人为张先生制订了一份个性化的健康管理计划,包括饮食建议、运动指导、心理调适等多个方面。

在执行计划的过程中,"健康守护者"不仅定期提醒张先生完成健康任务,还根据他的反馈和身体状况变化,对计划进行适时调整。例如,当张先生反映工作压力过大时,人形机器人会建议他进行冥想或深呼吸等放松活动;当张先生的体重有所下降时,人形机器人会相应地调整他的饮食计划,以确保他能够保持健康的体重。

通过一段时间的使用,张先生发现自己的身体状况得到了明显的改善,疲劳感减轻,精神状态也更加饱满。他感慨道:"'健康守护者'不仅是一个智能的健康管理工具,更是我生活中的一位贴心伙伴。"

通过结合先进的技术和个性化的服务,人形机器人能够为用户提供更加精准、有效的健康管理方案,帮助他们实现健康生活的目标。

第四节　人形机器人在医疗服务业的探索

一、人形机器人在辅助医疗中的应用

在没有人形机器人的时代,医疗辅助工作多依赖人力完成。医生、护士和其他医疗人员需要亲自进行病人的日常照料、病情监测以及康复训练等工作。这些工作对医疗人员的专业素养和人文关怀能力有着极高的要求,但在实际操作中,仍然存在着一些难以避免的问题,如人力成本高昂、工作效率受限、工作强度大等。

随着科技的进步,人形机器人开始逐渐进入医疗辅助领域,以其独特的技术优势和智能化特点,为医疗服务业带来了革命性的变革。人形机器人通过集成先进的传感器、机械臂、人工智能算法等技术,能够模拟人类的行为和动作,实现与人类的自然交互,在医疗辅助中发挥出巨大的作用。

在辅助医疗方面,首先,人形机器人能够协助医生对病人进行日常照料,如喂食、洗漱、翻身等,从而减轻医护人员的工作强度。其次,人形机器人可以通过实时监测病人的生理指标,及时发现异常情况并提醒医护人员进行处理,提高了病人的安全保障。此外,人形机器人还可以协助病人进行康复训练——根据病人的具体情况制订个性化的训练计划,帮助病人恢复身体功能。

从技术方面看,人形机器人可以通过深度学习和大数据分析等不断提升医疗辅助的精准度和效率。它们可以通过与病人的日常交互,不断收集和分析病人的健康数据,为医护人员提供有价值的参考信息。同时,人形机器人还可以根据医护人员的指令和要求,灵活调整自己的工作模式和策略,以适应不同病人的需求。

在具体实践案例方面,已经有多家企业和机构成功将人形机器

人应用于医疗辅助领域。

例1：某知名医疗机器人公司研发了一款名为"医疗助手"的人形机器人，该机器人已经在多家医院和康复中心得到应用。它不仅能够协助医护人员进行病人的日常照料和病情监测，还可以通过智能语音交互系统为病人提供健康咨询和心理疏导服务。在实际应用中，这款人形机器人得到了医护人员和病人的一致好评，有效提升了医疗服务的质量和效率。

例2：某科技创新型企业推出了一款专用于康复训练的人形机器人。该机器人结合了先进的机械臂技术和运动算法，能够模拟多种康复训练动作，帮助病人进行针对性的锻炼。同时，该机器人还具备智能评估系统，能够实时评估病人的训练效果，并根据评估结果调整训练计划。在实际应用中，这款人形机器人已经帮助众多病人成功恢复了身体功能，取得了显著的治疗效果。

这些实践案例充分展示了人形机器人在医疗辅助领域的广阔应用前景和巨大潜力。随着技术的不断进步和应用场景的不断拓展，相信人形机器人在未来将为医疗服务业带来更多的创新和突破。

值得注意的是，虽然人形机器人在医疗辅助领域取得了显著的成果，但仍然面临着一些挑战和问题。例如，如何确保人形机器人的安全性和稳定性，如何保障病人的隐私和权益，如何制定和完善相关的法律法规等。这些问题需要我们在未来的研究和实践中不断探索和解决。

第六章　人形机器人在服务业的创新应用

二、人形机器人在康复训练中的效果

康复训练是恢复身体功能的重要手段，其效果往往取决于训练的科学性、精准性以及患者的配合度。人形机器人在这一领域的应用，以其高度的智能化和精准性，为康复训练带来了革命性的变革。

首先，人形机器人通过集成先进的传感器和算法，能够实时监测患者的身体状态和运动轨迹。这些传感器能够捕捉到患者肌肉、关节的细微变化，而算法则能够对这些数据进行深度分析，从而精准地评估患者的康复进展和存在的问题。这种实时反馈和评估机制，使训练过程中的问题能够及时被发现和调整，从而保证了训练的科学性和有效性。

其次，人形机器人具备高度模拟人类运动的能力。它们可以模拟出多种复杂的动作和姿势，包括日常生活中的行走、上下楼梯等，以及专业运动员的高难度动作。拥有这种能力的人形机器人能够根据患者的具体情况，制订出个性化的训练方案，针对性地锻炼患者的肌肉和关节，促进身体的恢复。

此外，人形机器人还可以通过智能算法，根据患者的身体状态和训练进展，智能调整训练强度和难度。这种个性化的训练方式，既能够避免患者因训练强度过大而受伤，又能够确保训练的有效性，使患者在最短的时间内达到最佳的康复效果。

在具体实践中，人形机器人已经成功帮助众多患者完成了康复训练。下面，以篮球运动员为例进行说明。

篮球运动员小张，在一次比赛中受伤，导致膝盖严重受损。经过手术和初步治疗后，小张决定使用人形机器人进行康复训练。人形机器人可以根据小张的身体状态和篮球运动员的特殊需求,为他制订一套个性化的训练方案。在训练过程中,人形机器人可以通过传感器实时监测小张的膝盖状态和动作轨迹,确保每一个动作都符合康复要求。同时,人形机器人还可以根据小张的反馈和训练进展,智能调整训练强度和难度,使训练更加科学、有效。通过训练,小张的膝盖功能得到显著恢复。

除了运动员,人形机器人在老年人和残疾人的康复训练中也有着广泛的应用。对于老年人来说,人形机器人可以帮助他们进行日常活动的模拟训练,提高身体的灵活性和协调性,预防跌倒等意外事件的发生。对于残疾人来说,人形机器人则可以通过模拟正常人的动作和姿势,帮助他们进行肌肉锻炼和关节活动,促进身体的恢复和功能的改善。

综上所述,人形机器人在康复训练中的应用具有显著的优势和效果。它们能够实时监测患者的身体状态和运动轨迹,制订出个性化的训练方案,并通过智能算法调整训练强度和难度,确保训练的科学性和有效性。随着技术的不断进步和应用场景的不断拓展,相信人形机器人在未来将为更多需要康复训练的患者带来更好的治疗效果和生活质量提升。

三、人形机器人在医疗手术中的辅助作用

在医疗手术领域,辅助作用的实现历来依赖经验丰富的医疗团队和先进的医疗设备。传统的医疗手术辅助方式主要依赖医护人员的手工操作和各类医疗器械的辅助。例如,在手术过程中,医护人员需要密切配合,协助主刀医生完成各种精细操作;同时,手术器

第六章　人形机器人在服务业的创新应用

械如手术刀、缝合针等也为手术提供了必要的工具支持。这些辅助方式在一定程度上提高了手术的效率和安全性，但仍受限于人为因素，如操作精度、疲劳程度等。

历史案例表明，医疗手术的辅助作用至关重要。以心脏手术为例，早期的心脏手术由于缺乏有效的辅助手段，手术风险极高，成功率较低。随着医疗技术的进步，特别是手术辅助设备的出现，心脏手术的成功率得到了显著提升。这些辅助设备不仅提高了手术的精度，还降低了医护人员的工作强度，从而提高了手术的整体效果。

随着科技的不断发展，人形机器人在医疗手术中的辅助作用逐渐显现。从最初的简单辅助设备，发展到如今高度智能化的人形机器人，人形机器人在医疗手术中的应用已经历了多个阶段。这些机器人通过集成先进的传感器、机械臂和人工智能算法，能够协助医生完成更加精细、复杂的手术操作。

人形机器人在医疗手术中的辅助作用的重要性不言而喻。它们能够减轻医护人员的工作负担，提高手术效率；同时，通过精确的操作和智能化的分析，人形机器人还能够降低手术风险，提高手术成功率。此外，人形机器人还能够适应各种复杂的手术环境，为医生提供更加全面、高效的手术支持。

在技术改进方面，人形机器人在医疗手术中的应用不断取得突破。例如，通过优化机械臂的设计和算法，人形机器人能够更加精准地完成手术操作；通过引入虚拟现实和增强现实技术，医生可以在模拟环境中进行手术训练，提高手术技能；通过集成智能语音交互系统，人形机器人还能够与医生进行实时沟通，提高手术的协同效率。

在效果落地方面，人形机器人已经在多个医疗手术领域得到了应用。

例如，在神经外科手术中，人形机器人能够协助医生进行精确的脑部操作，减少对周围组织的损伤；在骨科手术中，人形机器人能够完成高精度的骨骼修复和重建工作，提高患者的康复效果。这些实践案例充分展示了人形机器人在医疗手术中的实际应用价值和效果。

展望未来，人形机器人在医疗手术中的辅助作用将进一步增强。随着技术的不断进步和应用场景的不断拓展，人形机器人将能够更加深入地参与到医疗手术的各个环节中，为医生提供更加全面、高效的支持。同时，随着人形机器人技术的普及和成本的降低，未来将有更多的医疗机构和患者能够享受到人形机器人带来的医疗福利。

第七章
人形机器人在金融领域的落地

  人形机器人在金融领域的作用

一、金融业的智能化浪潮与人形机器人的崛起

随着科技的飞速进步,金融业正经历着一场深刻的智能化变革。从最初的电子化到如今的智能化,金融业的发展历程充分展示了科技与金融的紧密结合。在这场变革中,人形机器人作为新兴的智能化工具,正逐渐崛起并展现出其在金融领域的巨大潜力。

回顾金融业的智能化历程,我们可以清晰地看到其发展的脉络。早期的电子化阶段,金融机构主要通过计算机和互联网技术实现业务处理的自动化,提高了工作效率。随着大数据、人工智能等技术的兴起,金融业开始进入智能化阶段,通过算法和模型对海量数据进行分析和预测,为金融决策提供有力支持。

在这一过程中,机器人技术也逐渐渗透到金融领域。从最初的简单自助服务机器人,到如今的智能交互机器人,机器人在金融业的应用范围不断扩大。它们不仅能够为客户提供便捷的服务,还能够协助员工进行复杂的数据分析和决策支持。

然而，尽管机器人在金融业的应用已经取得了一定的成果，但由于传统的机器人往往缺乏人性化的交互方式和形象，所以难以真正融入金融服务的场景中。正是在这样的背景下，针对金融业的人形机器人应运而生。它们不仅拥有与人类相似的外观和动作，还具备高度智能化的功能，能够更好地与客户进行互动和沟通。

目前，金融业已经开始尝试使用人形机器人来提供客户服务、业务咨询以及风险控制等方面的支持。这些人形机器人通过集成语音识别、自然语言处理等技术，能够与客户进行自然的对话和交流，解答客户的问题并提供相应的建议。同时，它们还能够通过大数据分析和机器学习算法，对客户的行为和需求进行精准预测和评估，为金融机构提供更有针对性的服务。

实践证明，人形机器人在金融业的应用效果显著。它们不仅提高了服务效率和质量，还降低了人力成本，为金融机构带来了可观的经济效益。同时，人形机器人的出现也提升了金融服务的体验感和科技感，吸引了更多客户的关注和喜爱。

二、金融业智能化转型的背景与趋势

金融业智能化转型的背景源自多个维度的深刻变革。

首先，全球经济的数字化浪潮为金融业提供了转型的契机。随着数字技术的普及，金融业务的边界被不断拓宽，金融服务的形式和内容也发生了颠覆性的变化。这种变化要求金融机构必须适应数字化的趋势，利用智能化技术提升服务质量和效率。

其次，客户需求的变化也是推动金融业智能化转型的重要力量。现代客户对金融服务的需求日益多元化和个性化，他们期望金融机构能够提供更加便捷、高效、精准的服务。为了满足客户的需求，金融机构必须借助智能化技术，实现服务的个性化和智能化。

第七章　人形机器人在金融领域的落地

此外，监管政策的推动也为金融业智能化转型提供了有力支持。随着金融市场的不断发展，监管部门对金融机构的监管要求也日益严格。智能化技术可以帮助金融机构更好地遵守监管规定，提高风险防控能力，确保金融市场的稳定和安全。

在金融业智能化转型的趋势方面，我们可以观察到以下几个显著特点：

（1）智能化技术的广泛应用。随着人工智能、大数据、云计算等技术的不断发展，这些技术将更深入地渗透到金融业务的各个环节中。金融机构将利用这些技术实现服务的自动化、智能化和个性化，提升客户体验和满意度。

（2）金融服务的普惠化。智能化技术可以降低金融服务的门槛和成本，使更多的人群能够享受到优质的金融服务。这将有助于促进金融业的普惠发展，缩小金融服务的鸿沟。

（3）金融与科技的深度融合。未来，金融业与科技行业的融合将更加紧密。金融机构将与科技公司合作，共同开发创新的金融产品和服务，推动金融业的创新发展。

（4）金融安全的重要性日益凸显。随着智能化技术的应用普及，金融安全问题也日益突出。金融机构将加强安全技术的研发和应用，提高系统的安全性和稳定性，确保客户资金和信息的安全。

三、人形机器人在金融业的兴起与意义

金融业是现代化经济体系的核心，其发展历程经历了多个阶段的演变。从最初的简单存贷业务，到后来的资本市场与衍生品交易，再到如今的数字金融与智能金融，每一步都深刻反映了科技与金融的紧密融合。在这个过程中，人形机器人作为新兴科技力量的代表，对金融业的兴起具有里程碑式的意义。

随着科技的进步，金融业逐渐摆脱了传统的纸质化、人工化的操作方式，迈向了数字化、自动化的新时代。然而，尽管自动化水平有了显著提升，但传统机器人往往缺乏人性化的交互体验，难以完全满足金融服务的复杂需求。正是在这样的背景下，人形机器人以其独特的优势，开始在金融业崭露头角。

人形机器人在金融业的兴起并非一蹴而就。它经历了从概念提出、技术研发到实际应用等多个阶段。初期，人形机器人的研发主要集中在基础技术的突破和功能的完善上。随着技术的成熟，越来越多的金融机构开始尝试引入人形机器人，以提供更加智能化、人性化的服务。

人形机器人在金融业的意义重大。

（1）它极大地提升了金融服务的效率和质量。通过集成先进的语音识别、自然语言处理等技术，人形机器人能够与客户进行自然的对话和交流，快速准确地解答客户的问题，提供个性化的服务建议。这不仅减轻了员工的工作负担，也提高了客户的满意度和忠诚度。

（2）人形机器人的引入推动了金融业的创新发展。传统金融服务往往受到时间、地点等因素的限制，而人形机器人则能够打破这些限制，实现 7×24 小时的在线服务。此外，人形机器人还能够结合大数据、人工智能等技术，对客户的需求和行为进行深入分析，为金融机构提供更有针对性的产品和服务。

（3）人形机器人的兴起反映了金融业对科技与人性化的双重追求。在追求效率的同时，金融机构也越来越注重客户体验和服务质量。人形机器人以其独特的外观和动作，能够更好地融入金融服务的场景中，与客户建立更加紧密的联系和互动。

第七章 人形机器人在金融领域的落地

第二节　人形机器人在银行业的应用

一、智能大堂经理：提升客户体验与服务质量

随着科技的迅猛发展，人形机器人在银行业的应用日益广泛，其中最为显著的角色便是智能大堂经理。这些具备高度智能化和人性化特点的人形机器人，不仅为银行业注入了新的活力，更在提升客户体验与服务质量方面发挥了举足轻重的作用。

银行业作为金融服务的重要组成部分，一直致力于为客户提供优质、高效的服务。然而，传统的银行业服务模式往往受限于人力资源和时间成本，难以满足客户日益增长的个性化需求。因此，引入人形机器人作为智能大堂经理，成为银行业转型升级的重要举措之一。

2024年7月11日，中国首个智能人形机器人银行大堂经理场景训练基地在中国建设银行上海浦东分行正式启用。该基地由建设银行联合上海傅利叶智能科技有限公司、润泽志远科技有限公司共同建立。

在这个训练基地中，参训的机器人拥有高度仿生的躯干构型和拟人化的运动控制，结合了视觉、听觉、语音等人工智能技术。目前，已对智能人形机器人开展银行大堂业务咨询、业务分流、智慧柜员机个性化操作指南、反欺诈宣传等面向客户的场景训练。这一举措是建设银行以金融创新推动产业创新的体现，通过探索未来营业网点甚至整个金融服务领域的新流程、新模式、新价值和新效率，让新质生产力成为发展的新引擎。

智能大堂经理的引入，首先改变了传统大堂经理的工作模式。传统大堂经理需要处理大量客户的咨询、引导等业务，工作压力大且效率有限。而智能大堂经理则能够通过集成先进的语音识别、自然语言处理等技术，实现与客户的智能交互。它们能够准确理解客户的需求，快速提供相关信息和解决方案，从而大大提高了服务效率。

与真实的人相比，智能大堂经理在服务质量和客户体验方面具有显著优势。首先，智能大堂经理具备更加丰富的知识储备和学习能力。它们可以通过不断学习和更新数据，掌握最新的金融知识和产品信息，为客户提供更加专业、全面的服务。其次，智能大堂经理能够实现24小时不间断服务。无论客户何时何地需要咨询或办理业务，智能大堂经理都能够及时响应，满足客户的随时需求。此外，智能大堂经理还能够通过大数据分析，对客户的行为和需求进行精准预测和评估，为客户提供更加个性化的服务体验。

智能大堂经理的实现离不开一系列先进技术的支持。其中，语音识别和自然语言处理技术是智能大堂经理与客户进行交互的核心技术。通过这些技术，智能大堂经理能够准确识别客户的语音指令，理解客户的意图，并生成相应的回复和解决方案。此外，人脸识别技术也被广泛应用于智能大堂经理中，用于识别客户的身份和提供个性化的服务。同时，智能大堂经理还集成了机器学习算法，通过不断学习和优化，提高自身的服务水平和客户满意度。

在现实中，多家银行已经成功引入了智能大堂经理，并取得了显著成效。例如，某大型商业银行在其营业网点部署了智能大堂经理，通过智能交互和大数据分析，实现了对客户需求的精准把握和快速响应。该银行的服务质量和客户满意度得到了显著提升，同时也降低了人力成本和时间成本。

此外，智能大堂经理还能够与其他智能设备进行联动，共同为客户提供更加便捷、高效的服务。例如，智能大堂经理可以与自助服务终端进行连接，引导客户完成自助业务的办理；同时，它还可以与后台管理系统进行通信，实时反馈客户信息和业务需求，为银行提供更加全面、准确的数据支持。

然而，尽管智能大堂经理在提升客户体验与服务质量方面发挥了重要作用，但我们也需要认识到其存在的局限性和挑战。例如，智能大堂经理在处理复杂问题和情感交流方面可能还存在不足；同时，如何保障客户隐私和数据安全也是智能大堂经理应用中需要重点关注的问题。因此，在引入智能大堂经理的同时，银行也需要加强技术研发和安全管理，确保智能大堂经理能够稳定、安全运行，为客户提供更加优质、高效的服务。

二、自动化业务处理：提升业务处理效率与准确性

自动化业务处理作为银行业技术革新的重要一环，其发展历程可追溯至早期的电子化与信息化阶段。随着计算机技术的普及，银行业开始引入自动化设备，如ATM机、自助查询机等，以替代部分人工操作，实现基本业务的自动化处理。

随着互联网技术的迅猛发展，网上银行、手机银行等服务应运而生，使得客户能够随时随地进行业务操作，进一步提升了业务处理的便捷性。

近年来，随着人工智能、机器学习等技术的快速发展，自动化业务处理进入了新的阶段，智能机器人、自然语言处理等先进技术的应用，使得业务处理更加智能化、高效化。

人形机器人作为智能科技的代表，如今在银行业的应用逐渐增多。它们以高度仿真的外观和智能的交互能力，为银行业带来了全

新的服务体验。

（1）人形机器人能够参与业务处理，实现自动化业务处理。它们通过预设的程序和算法，能够快速地完成账户查询、转账汇款、贷款申请等复杂业务操作。与传统的人工操作相比，人形机器人具有更高的处理速度和准确性，能够大幅提升业务处理效率，减少了人工操作的时间和成本。同时，它们还能够自动识别和处理交易信息，快速地完成大量重复性的业务操作，避免了人为因素导致的错误和疏漏。这种高效、精准的处理方式，使得银行业务处理更加迅速和准确。

（2）人形机器人能够进行24小时不间断服务。它们不受时间和地点的限制，能够随时随地为客户提供服务。这种全天候的服务模式不仅提高了客户的便利性，也增强了银行的竞争力。

（3）人形机器人通过智能化的交互方式，能够更好地理解客户的需求和问题。它们能够根据客户的行为和偏好，提供个性化的服务建议和产品推荐。这种智能化的服务方式不仅提高了客户的满意度和忠诚度，也促进了银行业务的拓展和增长。

三、风险管理与合规：人形机器人在风控与合规领域的应用

随着金融市场的日益复杂和监管要求的不断提高，风险管理与合规已成为银行业不可或缺的重要环节。在这一背景下，人形机器人在风控与合规领域的应用逐渐展现出其独特的优势。

人形机器人具备强大的数据处理和分析能力，能够实时收集、整理和分析大量的金融交易数据。通过运用机器学习算法和模式识别技术，人形机器人能够自动识别出异常交易和可疑行为，并发出预警信号。这种自动化的风险识别机制，不仅提高了风险管理的效

第七章 人形机器人在金融领域的落地

率,还降低了人为因素导致的误判和漏报。

人形机器人还能够对客户的信用记录、财务状况等信息进行深度挖掘和分析,从而更准确地评估客户的信用风险。这有助于银行在贷款审批、信用卡发放等业务中做出更加明智的决策,降低潜在的风险损失。

在合规方面,人形机器人同样发挥着重要作用。它们能够实时跟踪和监测银行业务的合规情况,确保业务操作符合相关法规和政策要求。一旦发现违规行为,人形机器人会立即发出警报,并生成详细的违规报告,为银行的合规管理提供有力支持。

此外,人形机器人还能够协助银行完成各类合规报告的编制和提交工作。它们能够自动收集相关数据和信息,并按照规定的格式和要求进行整理和呈现。这不仅减轻了人工编制报告的负担,还提高了报告的准确性和时效性。

在风险管理和合规领域,人形机器人还能够为银行提供智能决策支持。它们能够通过数据分析和模拟仿真等手段,为银行的风险评估、合规审查等决策过程提供科学依据和参考意见。这种智能化的决策支持方式,有助于银行在复杂多变的金融市场中做出更加精准和高效的决策。

目前,已有部分银行开始尝试引入人形机器人进行风险管理和合规工作。这些人形机器人通过实际应用,不仅提高了风险识别和预警的准确率,还降低了合规成本,提升了银行的运营效率。

展望未来,随着技术的不断进步和应用场景的拓展,人形机器人在风险管理和合规领域的应用将更加广泛和深入。未来的人形机器人将具备更强的智能化水平和学习能力,更好地适应金融市场的变化和发展。同时,随着银行数字化转型的加速推进,人形机器人将与其他数字化工具和平台形成有效联动,共同提升银行的风险管理和合规水平。

人形机器人在保险业的创新

一、智能客服：提供 24/7 全天候服务与支持

1. 人形机器人与智能客服

随着人工智能技术的不断发展，人形机器人逐渐从科幻电影走进了现实。在保险业中，人形机器人的应用正在带来前所未有的变革。它们以全新的方式为客户提供服务，改善了保险业务的流程，提升了行业的整体效率。

在保险业中，客户服务是一个至关重要的环节。然而，传统的客户服务方式往往受限于时间和人力资源，无法满足客户随时随地的服务需求。而人形机器人智能客服的出现，为保险业提供了一个全新的解决方案。

人形机器人智能客服具备高度智能化的交互能力。它们可以通过自然语言处理技术，与客户进行流畅的对话，准确理解客户的需求和问题。无论是关于保险产品的咨询、理赔流程的询问，还是其他任何与保险相关的问题，智能客服都能够迅速给出专业的回答和建议。这种智能化的交互方式，不仅提高了服务效率，还增强了客户的满意度和信任感。

更重要的是，人形机器人智能客服能够提供 24/7 全天候的服务与支持。它们不受时间和地点的限制，能够随时随地为客户提供帮助。无论是白天还是夜晚，无论是工作日还是节假日，客户都可以随时与智能客服进行交互，获得所需的信息和服务。这种全天候的服务模式，极大地提升了客户体验，使得客户能够更加方便地获

第七章 人形机器人在金融领域的落地

取保险服务。

此外,人形机器人智能客服还具有自我学习和优化的能力。它们可以通过不断积累和分析客户的数据,优化自身的回答和交互方式,提高服务质量和效率。这种自我学习和优化的能力,使得智能客服能够不断适应市场变化和客户需求的变化,保持与时俱进。

中国平安是国内领先的金融保险集团,积极探索科技在保险领域的应用,引入了人形机器人来提升服务质量和效率。

在平安的一些客户服务中心,人形机器人成为一道亮丽的风景线。这些机器人可以通过语音识别和自然语言处理技术,与客户进行互动交流。当客户前来咨询保险产品或理赔事宜时,机器人能够准确地理解客户的问题,并给出详细的解答。例如,一位客户询问某款重疾险的保障范围,机器人会迅速调出相关信息,详细介绍该产品的疾病种类、赔付条件等内容。

人形机器人还可以协助客户办理保险业务。它们能够引导客户填写投保单、提交理赔材料等,大大提高了业务办理的效率。在理赔环节,机器人可以通过图像识别技术,快速审核理赔材料的完整性和真实性,为理赔流程的加速提供了有力支持。

此外,人形机器人还可以进行保险知识的普及和宣传。它们可以在社区活动、企业宣讲等场合中,以生动有趣的方式向人们介绍保险的重要性、不同险种的特点等知识,从而提高公众的保险意识。

通过引入人形机器人,中国平安在保险服务领域实现了创新突破,为客户带来了更加便捷、高效、个性化的服务体验。

2. 人形机器人面临的挑战、问题与发展前景

然而，人形机器人智能客服在保险业中的应用也面临一些挑战和问题。

首先，如何确保智能客服的准确性和可靠性是一个重要的问题。毕竟，保险业务涉及客户的切身利益，任何错误或误导都可能导致严重的后果。因此，保险公司需要投入大量的时间和精力来训练和优化智能客服，确保其能够提供准确、可靠的服务。

其次，如何保护客户的隐私和数据安全也是一个需要关注的问题。在与智能客服进行交互的过程中，客户可能会透露一些敏感信息，如个人身份信息、财务信息等。保险公司需要采取严格的安全措施，确保这些信息不会被泄露或滥用。

尽管存在这些挑战和问题，人形机器人智能客服在保险业中的应用前景依然广阔。

近年来，已有一些保险公司开始尝试引入人形机器人智能客服，并取得了显著的效果。有保险公司推出了一款基于人形机器人的智能客服系统，该系统能够自动识别客户的问题并进行回答，同时还能够根据客户的需求推荐相应的保险产品。通过引入智能客服，该保险公司的客户服务效率得到了大幅提升，客户满意度也明显提高。

还有的保险公司利用人形机器人智能客服实现了理赔流程的自动化。客户在发生事故后，可以通过与智能客服进行交互，提供必要的信息和资料。智能客服会根据这些信息自动进行理赔处理，大大缩短了理赔周期，提高了理赔效率。这不仅减轻了客户的等待时间，也降低了保险公司的运营成本。

这些案例表明，人形机器人智能客服在保险业中的应用已经

取得了一定的成果。它们不仅提高了服务效率和质量，还为客户带来了更加便捷和个性化的体验。随着技术的不断进步和应用的不断深化，相信未来人形机器人智能客服将在保险业中发挥更加重要的作用。

展望未来，人形机器人智能客服在保险业中的应用还将继续深化和拓展。一方面，随着人工智能技术的不断发展，智能客服的智能化水平将进一步提高，能够更好地理解客户的需求和问题，提供更加精准和个性化的服务。另一方面，随着保险市场的不断扩大和竞争的加剧，保险公司将更加注重客户体验和服务质量，人形机器人智能客服将成为提升竞争力的重要手段。

同时，随着技术的不断进步和应用的不断创新，人形机器人智能客服还将与其他技术相结合，形成更加完善和高效的服务体系。例如，人形机器人智能客服可以与大数据分析技术相结合，对客户的需求和行为进行深入分析，为保险公司提供更加精准的市场预测和产品创新建议；可以与区块链技术相结合，确保客户数据的安全性和可信度；还可以与物联网技术相结合，实现智能家居、智能穿戴设备等与保险服务的无缝对接。

二、风险评估与核保：人形机器人在风险评估与核保流程中的作用

随着人工智能技术的深入发展和应用，人形机器人在保险业的角色日益重要。它们不仅在智能客服方面展现出强大的潜力，还在风险评估与核保流程中发挥着不可或缺的作用。

风险评估与核保是保险业务中的核心环节，直接关系到保险公司的风险控制和业务发展。传统的风险评估与核保流程往往依赖人工进行，不仅效率低下，而且容易受到人为因素的干扰。而人形机

器人的引入为这一流程带来了革命性的变革。

首先，人形机器人能够高效地进行数据收集和分析。在风险评估过程中，需要大量的个人信息和相关数据来评估被保险人的风险等级。人形机器人可以通过与客户的交互，快速收集所需的信息，并利用其强大的计算能力对数据进行深入的分析和挖掘。这样不仅能够提高数据收集的效率和准确性，还能够发现一些潜在的风险因素，为保险公司提供更加全面的风险评估报告。

其次，人形机器人能够帮助保险公司进行精准的核保决策。核保是保险公司决定是否接受投保以及确定保费的重要环节。人形机器人可以根据风险评估的结果，结合保险公司的核保政策和业务规则，进行智能化的核保决策。它们可以识别出高风险和低风险的客户，为保险公司提供差异化的核保方案。这样不仅能够提高核保的准确性和效率，还能够降低保险公司的风险敞口，提升整体业务质量。

此外，人形机器人还能够提升风险评估与核保流程的透明度和公正性。传统的风险评估与核保流程往往存在着人为因素的干扰，导致评估结果不准确和不公正。而人形机器人的决策基于数据和算法，不受人为因素的干扰，能够确保评估结果的客观性和公正性。同时，人形机器人还能够记录整个评估过程的数据和依据，为保险公司提供可追溯和可审查的评估结果，增强客户对保险公司的信任度。

然而，人形机器人在风险评估与核保流程中的应用也面临一些挑战和问题。

（1）如何确保人形机器人评估结果的准确性和可靠性是一个重要的问题。虽然人形机器人具有强大的计算能力，但其评估结果仍然依赖于所输入的数据和算法的质量。因此，保险公司需要投入大量的时间和精力来优化数据和算法,确保评估结果的准确性。

(2)如何平衡人形机器人的自动化决策与人工审核的关系是一个需要解决的问题。人形机器人能够进行高效的自动化决策,但在某些复杂或特殊的情况下,仍需要人工进行干预和审核。因此,保险公司需要建立一套完善的机制,确保人形机器人的自动化决策与人工审核能够相互补充和协调,提高整体决策的质量和效率。

尽管存在这些挑战和问题,人形机器人在风险评估与核保流程中的应用前景依然广阔。随着技术的不断进步和应用的不断深化,相信未来会有更多的保险公司采用人形机器人来优化风险评估与核保流程,提升业务质量和效率。

三、产品创新与个性化服务:基于大数据与 AI 技术的保险产品创新

随着科技的飞速发展,特别是大数据和人工智能技术的不断突破,保险业正迎来前所未有的变革。人形机器人是科技与保险融合的产物,在保险产品创新及个性化服务方面发挥着越来越重要的作用。

在大数据和 AI 技术的加持下,人形机器人不仅优化了保险业务流程,更为产品创新和个性化服务提供了强大的技术支撑。

人形机器人能够实时收集和分析客户数据,通过深度学习和机器学习算法,挖掘出客户的潜在需求和风险点。这些数据和分析结果,为保险公司提供了宝贵的市场洞察和产品创新灵感。

基于这些数据,保险公司可以推出更加个性化的保险产品。例如,针对年轻人群,可以推出具有社交属性的保险产品,将保险与社交娱乐相结合;针对高风险行业从业者,可以设计出更加灵活的保障方案,以满足其特殊的保障需求。

此外，人形机器人还能够通过智能推荐系统，为客户提供个性化的保险方案。它们能够根据客户的个人信息和风险偏好，为其推荐最适合的保险产品，实现精准营销和个性化服务。

然而，基于大数据和 AI 技术的保险产品创新也面临着一些挑战。首先，如何确保数据的准确性和安全性是一个重要问题。保险公司需要建立严格的数据管理和保护机制，防止数据泄露和滥用。其次，如何平衡产品创新与客户接受度也是一个需要关注的问题。过于复杂或创新的保险产品可能会让客户感到困惑或难以接受，因此保险公司需要在产品设计和推广过程中充分考虑客户的接受度和使用体验。

尽管如此，人形机器人在基于大数据和 AI 技术的保险产品创新方面的潜力仍然巨大。随着技术的不断进步和应用场景的不断拓展，相信未来会有更多的保险公司利用人形机器人进行产品创新和服务升级，为客户提供更加优质、个性化的保险体验。

第四节　人形机器人在证券与投资领域的变革

一、智能投顾：个性化、精准化的投资顾问服务

1. 人形机器人与智能投顾

随着科技发展的日新月异，人形机器人在证券与投资领域的应用正逐渐引起业界的广泛关注。它们凭借强大的数据处理能力、精准的分析模型以及个性化的服务方式，为投资者提供了前所未有的投资顾问体验。

智能投顾，即利用人工智能技术进行投资顾问服务的一种新型模式。与传统的投资顾问相比，智能投顾具有更高的效率、更低的

成本和更加个性化的服务特点。人形机器人作为智能投顾的重要载体,通过深度学习和大数据分析等技术,能够为投资者提供精准的投资建议和风险评估。

首先,人形机器人能够收集并分析投资者的个人信息和投资偏好。这些信息包括但不限于投资者的年龄、职业、收入状况、风险承受能力以及投资目标等。通过对这些信息的深入挖掘,人形机器人能够全面了解投资者的需求和期望,为后续的投资建议提供有力的数据支撑。

其次,人形机器人利用大数据和算法模型,对市场行情、行业趋势以及个股表现进行实时分析。它们能够快速地处理海量的市场数据,识别出潜在的投资机会和风险点。同时,人形机器人还能够根据投资者的风险承受能力和投资目标,为其筛选出合适的投资标的和组合。

在投资建议的生成过程中,人形机器人注重个性化服务的提供。它们会根据投资者的投资偏好和风险承受能力,为其定制专属的投资方案。这些方案不仅考虑了投资者的当前需求,还兼顾了未来的市场变化和风险调整。此外,人形机器人还能够根据市场情况的变化,及时调整投资建议,确保投资者的资产能够持续增值。

除了投资建议的生成,人形机器人还能够为投资者提供风险评估和资产配置等服务。它们能够通过对投资者的投资组合进行定期评估,发现潜在的风险点并提出相应的调整建议。同时,人形机器人还能够根据市场情况和投资者的需求,为其进行资产配置的优化,以实现更加稳健的投资回报。

在智能投顾的服务过程中,人形机器人还具备强大的交互能力。它们能够通过自然语言处理等技术,与投资者进行流畅的对话和交流。无论是对于投资建议的解读、市场动态的咨询还是投资组合的调整，人形机器人都能够给予及时、准确的回应。这种交互式的服务方式，不仅提高了投资者的满意度和信任度，还增强了智能投顾的实用性和便捷性。

2. 智能投顾应用面临的挑战、问题与应用前景

然而，智能投顾的应用也面临着一些挑战和问题。

首先，如何确保投资建议的准确性和可靠性是一个重要的问题。虽然人形机器人具有强大的数据处理和分析能力，但市场情况的变化和不确定性因素仍然可能对投资建议的准确性产生影响。因此，保险公司需要不断优化算法模型和提高数据处理能力，以确保投资建议的准确性和可靠性。

2023年，某私募机构宣称使用大模型等人工智能技术重塑投资体系，安排研究员和AI机器人管理私募基金。然而，该机构旗下一只成立于2016年8月的私募基金，运作七年仍未实现正收益，2023年年内净值跌幅达14个点，近三年净值亏损达40个点。7月接入机器人后，产品净值跌幅是同期沪深300指数的三倍，机器人的"干预"未取得理想效果。

其次，如何保护投资者的隐私和数据安全也是一个需要关注的问题。在智能投顾的服务过程中，人形机器人需要收集和处理大量的投资者信息。这些信息如果泄露或被滥用，可能会给投资者带来严重的损失。因此，保险公司需要建立严格的数据管理和保护机制，确保投资者的隐私和数据安全。

此外，智能投顾的普及和推广也需要考虑投资者的接受度和使用习惯。虽然智能投顾具有诸多优势，但一些投资者可能仍然习惯

于传统的投资顾问服务方式。因此,保险公司需要在推广智能投顾的过程中,注重对投资者进行教育和引导,帮助他们了解并接受这种新型的投资顾问服务方式。

尽管存在这些挑战和问题,但智能投顾在证券与投资领域的应用前景依然广阔。随着技术的不断进步和应用场景的不断拓展,相信未来会有更多的投资者选择使用智能投顾进行投资决策和管理。同时,随着人形机器人技术的不断完善和优化,智能投顾的服务质量和效率也将得到进一步提升。

二、实时监控与预警:人形机器人在市场风险监控中的应用

1. 实时监控与预警

随着金融市场的日益复杂和全球化,市场风险监控成为证券与投资领域不可或缺的一环。在这一背景下,人形机器人在实时监控与预警方面的应用逐渐凸显出其独特的价值和潜力。它们凭借高效的数据处理能力、精准的分析模型以及强大的交互功能,为市场风险监控带来了革命性的变革。

在证券与投资领域,市场风险监控的核心在于对市场动态、交易行为以及投资组合进行实时监控,并在发现潜在风险时及时发出预警。人形机器人是一种先进的智能设备,以其强大的数据处理能力和实时分析能力,成为市场风险监控的理想工具。

首先,人形机器人能够实时收集并分析海量的市场数据。它们可以通过与各大交易所、数据提供商以及新闻机构的连接,获取最新的市场报价、交易数据、新闻资讯等信息。通过对这些数据进行深入挖掘和分析,人形机器人能够及时发现市场的异常波动和潜在

风险点。

其次，人形机器人可利用先进的算法模型进行风险识别和预警。它们可以根据预设的风险指标和阈值，对市场数据进行实时监控和比对。一旦发现数据异常或超过风险阈值，人形机器人会立即触发预警机制，向投资者或风险管理部门发送预警信息。这些预警信息包括市场风险的类型、程度以及可能的影响范围等，以帮助投资者及时做出调整和应对措施。

除了实时监控和预警功能，人形机器人还能够为投资者提供风险分析和应对策略。它们可以利用大数据和机器学习技术，对市场风险进行深入的量化分析和预测。通过构建风险模型和进行模拟测试，人形机器人能够为投资者提供个性化的风险评估报告和投资建议。这些报告和建议可以帮助投资者更好地理解市场风险的本质和特征，制定更加科学合理的投资策略。

此外，人形机器人在市场风险监控中的应用还体现在其强大的交互功能上。它们可以通过自然语言处理等技术，与投资者进行实时的沟通和交流。投资者可以通过人形机器人获取最新的市场动态和风险信息，同时也可以向人形机器人咨询风险问题和寻求投资建议。这种交互式的服务模式不仅提高了市场风险监控的效率和准确性，也增强了投资者对市场的感知和应对能力。

2. 人形机器人面临的挑战、问题与应用前景

然而，人形机器人在市场风险监控中的应用也面临着一些挑战和问题。

首先，如何确保数据的准确性和可靠性是一个重要的问题。由于市场数据具有高度的复杂性和动态性，任何数据错误或偏差都可能导致风险监控的失误。因此，人形机器人需要建立严格的数据质

第七章 人形机器人在金融领域的落地

量控制机制，确保所收集和分析的数据的准确性和可靠性。

其次，如何优化算法模型和提高预警的精准度也是一个需要解决的问题。虽然人形机器人已经具备了一定的风险识别和预警能力，但在实际应用中仍存在误报和漏报的情况。为了进一步提高预警的精准度，人形机器人需要不断优化算法模型，提高对市场风险的敏感度和识别能力。

此外，人形机器人在市场风险监控中的应用还需要考虑投资者的接受度和使用习惯。虽然人形机器人具有诸多优势，但一些投资者可能仍然习惯于传统的风险监控方式。因此，人形机器人在推广和应用过程中需要注重投资者教育和引导，帮助他们了解并接受这种新型的风险监控方式。

尽管存在这些挑战和问题，人形机器人在市场风险监控中的应用前景依然广阔。随着技术的不断进步和应用场景的不断拓展，相信未来会有更多的投资者和机构选择使用人形机器人进行市场风险监控。同时，随着人形机器人技术的不断完善和优化，其在市场风险监控中的准确性和效率也将得到进一步提升。

三、自动化交易与算法交易：提升交易效率与风险控制能力

1. 自动化交易与算法交易

随着科技的飞速发展和金融市场的日益成熟，自动化交易与算法交易在证券与投资领域中的应用越发广泛。在这一背景下，人形机器人凭借其强大的数据处理能力、精准的分析模型以及高效的执行系统，正逐渐成为提升交易效率与风险控制能力的关键工具。

自动化交易与算法交易是指利用计算机程序和算法模型进行交

易决策和执行的过程。与传统的人工交易相比，它们具有更高的交易速度、更低的交易成本和更强的风险控制能力。人形机器人是自动化交易与算法交易的重要载体，其在提升交易效率与风险控制能力方面的作用日益凸显。

首先，人形机器人能够实现交易的自动化和智能化。它们可以根据预设的交易策略和算法模型，对市场数据进行实时分析和判断，并自动生成交易指令和执行交易操作。这一过程无须人工干预，大大提高了交易的效率和准确性。同时，人形机器人还能够根据市场变化及时调整交易策略，确保交易决策的灵活性和适应性。

其次，人形机器人具备强大的风险控制能力。它们可以通过构建复杂的风险模型和进行实时的风险评估，及时发现并应对潜在的市场风险。一旦市场出现异常波动或超过预设的风险阈值，人形机器人会立即采取相应的风险控制措施，如调整仓位、止损等，以最大限度地减少投资者的损失。此外，人形机器人还能够对交易过程进行全程监控和记录，为投资者提供全面的风险管理和合规支持。

除了提升交易效率和风险控制能力，人形机器人还能够为投资者提供更加个性化的交易服务。它们可以根据投资者的投资目标、风险偏好和资金状况等因素，为其定制专属的交易策略和算法模型。这些策略和模型不仅考虑了市场的整体趋势和波动特性，还结合了投资者的个性化需求，帮助投资者实现更加精准和高效的交易操作。

此外，人形机器人在自动化交易与算法交易中的应用还体现在其与其他金融科技的融合上。例如，它们可以与大数据分析、人工智能等技术相结合，对市场数据进行更深入的挖掘和分析，为交易决策提供更加全面和准确的信息支持。同时，人形机器人还可以与区块链技术相结合，实现交易的透明化和可追溯性，提高交易的安全性和可信度。

2. 自动化交易与算法交易面临的挑战、问题与应用前景

然而，自动化交易与算法交易的应用也面临着一些挑战和问题。

首先，如何确保交易策略和算法模型的准确性和可靠性是一个重要的问题。由于市场环境和数据质量的变化，任何策略或模型的失误都可能导致交易的损失。因此，人形机器人需要不断优化和更新其交易策略和算法模型，以适应市场的变化和发展。

其次，如何保障交易的安全性和合规性也是一个需要关注的问题。自动化交易与算法交易涉及大量的资金流动和信息传输，任何安全漏洞或违规行为都可能给投资者带来严重的损失。因此，人形机器人需要建立严格的安全保障机制和合规管理体系，确保交易的安全性和合规性。

此外，自动化交易与算法交易的应用还需要考虑投资者的接受度和使用习惯。虽然它们具有诸多优势，但一些投资者可能仍然对自动化交易持谨慎态度。因此，人形机器人在推广和应用过程中需要注重对投资者进行教育和引导，帮助他们了解并接受这种新型的交易方式。

尽管存在这些挑战和问题，自动化交易与算法交易在证券与投资领域的应用前景依然广阔。随着技术的不断进步和应用场景的不断拓展，相信未来会有更多的投资者和机构选择使用人形机器人进行自动化交易与算法交易。同时，随着人形机器人技术的不断完善和优化，其在提升交易效率和风险控制能力方面的作用也将得到进一步发挥。

第五节 人形机器人在金融领域面临的挑战与对策

一、技术挑战与对策：安全性、稳定性与可靠性问题

随着科技的飞速发展，人形机器人在金融领域的应用逐渐崭露头角，它们以其高效、便捷的特点，为金融行业带来了前所未有的变革。然而，正如任何新技术在推广和应用过程中都会遇到种种挑战，人形机器人在金融领域的应用也面临着诸多技术难题，其中最为突出的便是安全性、稳定性与可靠性问题。

安全性问题是人形机器人在金融领域应用的首要挑战。金融领域涉及大量的资金流转，一旦人形机器人系统遭受黑客攻击或数据泄露，将会带来无法估量的损失。因此，如何确保人形机器人在处理金融交易时的安全性，成为亟待解决的问题。这要求我们在设计和开发人形机器人时，必须采用先进的安全技术和加密算法，确保人形机器人系统的数据安全和交易安全。同时，我们还需要建立完善的安全管理制度和应急预案，以应对可能出现的各种安全风险。

稳定性问题也是人形机器人在金融领域应用中不可忽视的挑战。金融交易需要高度的精确性和稳定性，任何微小的差错都可能导致巨大的经济损失。然而，人形机器人在运行过程中可能会受到各种因素的影响，如环境噪声、电磁干扰等，这些因素都可能影响人形机器人的稳定性和准确性。因此，我们需要通过优化人形机器人的硬件和软件设计，提高人形机器人的抗干扰能力和稳定性。此外，我们还需要定期对人形机器人进行维护和保养，以确保其长期稳定运行。

可靠性问题同样不容忽视。在金融领域，人形机器人需要承担大量的工作任务，包括客户服务、数据分析、风险控制等。这就要

第七章 人形机器人在金融领域的落地

求人形机器人必须具备高度的可靠性和耐用性,能够在长时间高强度的工作状态下保持稳定的性能。为了实现这一目标,我们需要对人形机器人的硬件和软件进行全面测试和优化,确保其在各种极端条件下都能正常工作。同时,我们还需要建立完善的故障检测和修复机制,以便人形机器人出现故障后能够迅速恢复正常工作状态。

面对这些技术挑战,我们需要采取一系列对策来应对。

首先,加强技术研发和创新,不断提升人形机器人的技术水平。其次,加强人才培养和团队建设,培养一支具备高度专业素养和创新能力的研发团队。通过团队合作和知识共享,共同攻克技术难题,推动人形机器人在金融领域的应用发展。此外,加强政策支持和监管力度,为人形机器人在金融领域的应用提供有力保障。通过制定相关政策和法规,规范人形机器人的研发、生产和应用行为,确保其符合金融行业的安全和稳定要求。

二、伦理与法律的挑战与对策:隐私保护、数据安全与责任界定

随着人形机器人在金融领域的深度融入,其带来的伦理与法律挑战也越发显著。这些人形机器人不仅具备高度智能化的数据处理能力,在与客户交互中还涉及大量敏感信息的处理与存储,因此,隐私保护、数据安全以及责任界定等问题,成为法律界和科技界共同关注的焦点。

首先,隐私保护问题在现代金融体系中显得尤为重要。人形机器人在与客户交互过程中,会收集到包括但不限于个人身份信息、交易记录、投资偏好等敏感数据。在高科技背景下,如何确保这些数据不被非法获取、滥用或泄露,成为首要解决的问题。一方面,需要利用先进的加密技术和匿名化处理手段,确保数据在传输和存

储过程中的安全性;另一方面,需要通过制定严格的隐私保护政策和流程,规范人形机器人对数据的收集、使用和处理行为,从而保障客户的隐私权益。

其次,数据安全挑战也不容忽视。金融数据作为金融机构的核心资产,其安全性直接关系到金融机构的声誉和客户的信任。人形机器人在处理这些数据时,必须具备高度的安全防护能力,以应对来自外部的网络攻击和数据窃取行为。这要求人形机器人系统采用先进的安全防护技术,如入侵检测、防火墙、数据备份与恢复等,确保数据的完整性和可用性。同时,还需要建立完善的安全管理制度和应急预案,以便在发生安全事件时能够迅速响应、有效处置。

最后,责任界定问题则是人形机器人在金融应用中面临的最为复杂的法律挑战之一。当人形机器人出现故障或错误时,如何界定责任、追究法律责任,成为一个亟待解决的问题。在高科技背景下,人形机器人的行为往往受到其算法、程序以及数据输入等多种因素的影响,这使得责任界定变得异常复杂。为此,需要深入研究人形机器人的工作原理和行为模式,制定针对性的法律法规和行业标准,明确人形机器人及其开发者、使用者的责任边界。同时,还需要建立多元化的纠纷解决机制,包括仲裁、调解等方式,以便在出现问题时能够公正、高效地解决纠纷。

为了应对这些伦理与法律挑战,金融机构和机器人开发者需要采取一系列高科技和专业化的措施。首先,加强技术研发和创新,提高人形机器人的数据处理能力和安全防护水平。其次,加强法律专业人才的培养和引进,建立专业化的法律团队,为人形机器人的应用提供法律支持和保障。此外,还需要加强与监管机构的沟通和合作,共同制定和完善相关法律法规和行业标准,推动人形机器人在金融领域的健康发展。

第七章 人形机器人在金融领域的落地

三、提升公众认知与接受度

与所有新兴技术一样，人形机器人在给人们带来便利的同时，也面临着公众认知不足和接受度低的挑战。因此，提升公众对人形机器人的认知与接受度显得尤为重要。

首先，提升公众认知是基础。公众对人形机器人的了解大多停留在科幻电影或新闻报道的层面，对其实际功能、应用场景以及潜在风险缺乏深入了解。因此，我们需要通过多种渠道加强人形机器人的科普教育。政府、企业和社会组织可以合作开展科普活动，如举办展览、开设讲座、制作宣传片等，向公众普及人形机器人的基本原理、发展历程以及应用现状。同时，媒体也应承担起宣传教育的责任，通过报道人形机器人的最新进展和成功案例，增强公众对其的认知和信任。

其次，提高公众接受度是关键。由于人形机器人在外观和行为上与人类相似，这在一定程度上引发了公众的担忧和疑虑。许多人担心人形机器人可能取代人类的工作岗位，甚至对人类构成威胁。因此，我们需要通过教育和引导来消除这些误解和担忧。一方面，我们可以强调人形机器人在提高工作效率、降低劳动成本等方面的优势，同时指出其无法完全取代人类在某些领域的独特作用。另一方面，我们还应关注人形机器人的伦理和法律问题，制定相应的规范和标准，确保其应用符合社会道德和法律规定。

此外，提升公众对人形机器人的接受度还需要注重其实际应用效果的展示。通过在实际场景中展示人形机器人的工作能力和优势，如客户服务、安全巡逻等，可以让公众更加直观地感受到人形机器人带来的便利和价值。同时，我们还可以通过开展试用活动或体验课程，让公众有机会亲自操作和使用人形机器人，从而加深公众对其的了解和信任。

第八章 人形机器人在贸易领域的落地

 贸易领域的智能化转型与人形机器人的角色

一、贸易领域智能化转型的背景与需求

贸易领域的智能化转型,是当前全球经济与技术发展背景下的必然趋势。随着信息技术的突飞猛进和全球化的深入发展,贸易活动逐渐从传统的线下模式向线上模式转变,对高效、智能、便捷的交易方式的需求日益凸显。

首先,全球贸易规模的持续扩大和贸易结构的多元化,使得贸易领域的复杂性不断增加。传统的手工操作和简单的信息系统已难以满足现代贸易对数据处理、风险控制和决策分析的需求。智能化转型成为提升贸易效率、降低运营成本、增强竞争力的关键途径。

其次,信息技术的快速发展为贸易领域的智能化转型提供了强大的支撑。云计算、大数据、人工智能等前沿技术的融合应用,使得贸易活动能够实现数据的实时收集、分析和处理,为贸易商提供精准的市场预测、智能的决策支持和个性化的客户服务。

同时，消费者需求的升级也推动了贸易领域的智能化转型。现代消费者更加注重购物体验和服务质量，对个性化、便捷化的贸易服务有着更高的期待。智能化转型通过提供更加智能、高效的服务，能够满足消费者的需求，提升客户满意度和忠诚度。

此外，政府政策的推动也为贸易领域的智能化转型提供了有力支持。各国政府纷纷出台相关政策，鼓励企业加大技术投入，推动贸易领域的数字化转型和智能化升级。这为贸易领域的智能化转型提供了良好的政策环境和市场机遇。

二、人形机器人在贸易领域的应用价值与潜力

随着科技的飞速发展，人形机器人在贸易领域的应用逐渐展现出其巨大的应用价值与潜力。这种先进的智能机器人不仅改变了传统的贸易模式，更推动了整个行业的创新与发展。

首先，人形机器人在贸易领域的应用价值体现在提升客户体验方面。通过集成先进的语音识别、自然语言处理和面部识别技术，人形机器人能够准确理解客户的需求，并为其提供个性化的服务。无论是在产品咨询、订单处理，还是售后服务环节，人形机器人都能以高效、友好的方式与客户互动，极大地提升了客户的满意度和忠诚度。

其次，人形机器人在贸易领域的潜力在于优化贸易流程和提高效率。传统的贸易流程往往涉及大量的人工操作，容易出现错误。而人形机器人可以自动执行烦琐的任务，如数据录入、订单处理、库存管理等，减少了人为干预，提高了贸易流程的准确性和效率。此外，人形机器人还可以通过实时数据分析，为贸易商提供市场趋势预测和决策支持，帮助其做出更明智的商业决策。

最后，人形机器人在贸易领域的应用有助于降低人力成本。随

着劳动力成本的上升,许多贸易企业面临着巨大的成本压力。而人形机器人作为一种高效的自动化解决方案,可以替代部分人力工作,降低企业的运营成本。同时,人形机器人还可以在24小时内不间断地工作,无须休息,进一步提高了企业的运营效率。

此外,人形机器人在贸易领域的应用具有拓展市场的潜力。随着全球化进程的加速,贸易活动日益频繁,市场竞争也越发激烈。人形机器人作为一种创新的营销工具,可以吸引更多消费者的关注,提升企业的品牌形象和知名度。同时,人形机器人还可以跨越地域限制,拓展企业的市场范围,为贸易企业带来更多的商业机会。

人形机器人在贸易领域的应用价值与潜力巨大,但其实际应用过程中仍面临一些挑战,如技术成熟度和稳定性问题、数据安全与隐私保护问题、法律法规与伦理规范问题等。为了充分发挥人形机器人在贸易领域的应用价值与潜力,我们需要持续加大研发投入,提升技术水平;加强数据安全和隐私保护技术的研究与应用;推动相关法律法规和伦理规范的制定与完善。

第二节 人形机器人在贸易展览与会议中的应用

一、智能接待与导览:提升参展体验与效率

贸易展览与会议是展示企业实力、交流行业信息、拓展商业合作的重要平台。随着技术的不断进步,人形机器人在这一领域的应用逐渐凸显出其独特的优势。通过智能接待与导览等功能,人形机器人能够显著提升参展体验与效率,为贸易展览与会议带来革命性的变化。

第八章　人形机器人在贸易领域的落地

2024年4月22日至26日,在德国汉诺威工业博览会上,来自绵阳高新区的四川福德机器人股份有限公司作为绵阳市唯一参展企业备受关注。福德机器人携人形机器人、复合机器人、一体化关节、谐波减速机等产品亮相。其中,天链人形机器人身高1.60米,全身拥有71个关节自由度,裸机重量仅约37千克,含电池约为43千克,能轻松完成一字马、坐体前屈等高难度动作,其灵活度与专业舞蹈演员不相上下,吸引了众多观众的目光。现场工作人员热情地向参观者介绍产品特点与优势,并进行演示。

在贸易展览与会议中,人形机器人可以作为智能接待员,承担起迎接参观者、提供信息咨询和指引参观路线等任务。通过集成语音识别、自然语言处理等技术,人形机器人能够准确理解参观者的需求,并提供及时、准确的回应。它们可以主动与参观者进行互动,介绍展览的亮点和特色,为参观者提供个性化的导览服务。

与传统的人工接待相比,人形机器人在智能接待与导览方面具有显著的优势。首先,它们不受时间和人力的限制,可以全天候为参观者提供服务,确保每一位参观者都能得到及时、专业的接待。其次,人形机器人具备丰富的知识储备和快速的信息处理能力,能够迅速回答参观者的问题,并提供详细的展览信息。此外,它们还可以根据参观者的兴趣和需求,为其推荐相关的展品或活动,提供个性化的参观体验。

通过智能接待与导览,人形机器人不仅能够提升参展体验,还能够提高展览的效率。它们可以协助组织者管理参观者的流量,优化参观路线,减少拥堵和等待时间。同时,人形机器人还可以收集参观者的反馈意见,为组织者提供宝贵的建议和改进方向,进一步提升展览的质量和效果。

二、智能展示与交互：创新产品展示与信息传递方式

1. 人形机器人带来全新的创新方式

在贸易展览与会议中，产品展示与信息传递是核心环节，直接关系到企业形象的塑造、产品特性的传递以及商业合作的促成。随着科技的不断发展，传统的展示与交互方式已经难以满足现代贸易展览的需求，而人形机器人的出现为这一领域带来了全新的创新方式。人形机器人关节灵活度展示，如图8-1所示。

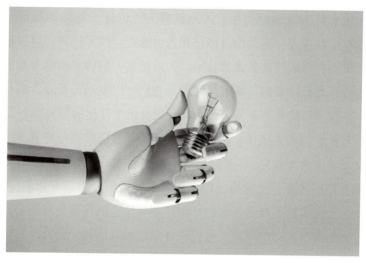

图8-1　人形机器人关节灵活度展示

首先，人形机器人在智能展示方面具有显著优势。它们能够模拟人类的动作和表情，通过语音、肢体动作等多种方式与参观者进行互动。这种高度拟人化的展示方式，使产品介绍更加生动、直观，能够有效吸引参观者的注意力。同时，人形机器人还可以根据

第八章 人形机器人在贸易领域的落地

预设的程序或实时识别参观者的反应，调整展示内容和方式，实现个性化的产品展示。

其次，人形机器人在交互方面的优势同样突出。它们具备强大的语音识别和自然语言处理能力，能够准确理解参观者的需求和问题，并做出及时、准确的回应。这种智能交互方式不仅提高了信息传递的效率，还增强了参观者的参与感和体验感。此外，人形机器人还可以通过集成多种传感器和算法，实现与参观者的深度互动，如通过手势识别进行产品操作演示，或者通过虚拟现实技术为参观者提供沉浸式的产品体验。

在2024年8月21日北京举行的世界机器人大会开幕式上，"天工1.2MAX"机器人双手抱起大会徽章，自主走上舞台中央，将会徽准确放入启动台上，与嘉宾共同宣布大会正式开幕。它身高约173厘米、体重60千克左右，由北京具身智能机器人创新中心研发，具备多种复杂地面的通过能力和奔跑能力，能理解人类指令、拆解任务并帮助人们完成工作。

在2024年世界人工智能大会人形机器人展区，全球首个全尺寸通用人形机器人"青龙"展出。它全身有43个关节，不仅腿脚快，还能躲避障碍，双手灵活，不但能精准抓取2厘米的小物件，还能使用工具在小米里挑芝麻。其技术源于和大模型的深度融合，为通用人形机器人的发展奠定了基础。

2024年世界机器人大会期间，云深处dr.01人形机器人展示了其在路面打滑和在外部推力干扰下仍能保持稳定行走的能力。它搭载云深处j60轻量化关节和j100高爆发力关节，具有高度灵活的运动与操作能力、复杂环境适应力、融合感知能力以及自主学习能力。

2. 人形机器人的创新点

除了上述优势，人形机器人在智能展示与交互方面还具有以下创新点。

（1）个性化定制：人形机器人可以根据企业的需求和品牌形象进行个性化定制，包括外观、声音、动作等方面。这使得企业能够在贸易展览中展现出独特的风格和特色，提升品牌形象。

（2）数据分析与反馈：人形机器人能够实时收集和分析参观者的数据，包括参观者的数量、停留时间、兴趣点等。这些数据可以为企业提供宝贵的市场信息和用户反馈，帮助企业优化产品设计和营销策略。

（3）跨语言交流：人形机器人支持多语言交流，能够轻松应对来自不同国家和地区的参观者。这消除了语言障碍，使产品展示与信息传递更加畅通无阻。

（4）智能推荐系统：基于大数据分析和机器学习算法，人形机器人能够根据参观者的兴趣和行为，智能推荐相关的产品或服务。这种个性化的推荐方式有助于提升参观者的满意度和购买意愿。

3. 人形机器人面临的挑战与应对策略

尽管人形机器人在智能展示与交互方面具有诸多优势和创新点，但在实际应用中仍面临一些挑战。例如，技术成熟度、成本投入、数据安全与隐私保护等问题需要得到妥善解决。此外，如何让人形机器人的展示与交互方式更加自然、流畅，以及如何与企业的整体形象和营销策略相协调，也是企业需要考虑的问题。

为了充分发挥人形机器人在贸易展览与会议中的智能展示与交互优势，企业可以采取以下策略。

（1）加大技术研发投入：提升人形机器人的技术成熟度和性能表现，使其能够更好地满足贸易展览的需求。

（2）注重个性化定制：根据企业的品牌形象和市场需求，定制符合企业特色的人形机器人，提升其在贸易展览中的辨识度。

（3）加强数据安全保障：确保人形机器人在收集和处理参观者数据时的安全性和隐私性，避免数据泄露和滥用。

（4）优化用户体验：关注参观者的需求和反馈，不断优化人形机器人的展示与交互方式，提升用户体验和满意度。

三、数据收集与分析：助力企业精准把握市场趋势

1. 人形机器人可用于数据收集与分析

在数字化时代，数据已成为企业决策和市场竞争的关键要素。作为行业交流的重要平台，贸易展览与会议蕴含的数据价值不言而喻。在这一领域，人形机器人通过高效的数据收集与分析功能，助力企业精准把握市场趋势，从而制定更有效的市场策略。

（1）人形机器人在数据收集方面具有得天独厚的优势。它们能够在展览现场实时捕捉并记录大量数据，包括参观者的行为轨迹、停留时间、互动频率等。这些数据能够直观地反映参观者的兴趣和偏好，为企业了解市场需求提供宝贵的信息。此外，人形机器人还可以通过语音识别和自然语言处理技术，收集参观者的意见和建议，为企业提供直接的客户反馈。

（2）人形机器人在数据分析方面的能力同样出色。它们能够利用内置的算法和模型，对收集到的数据进行深度挖掘和分析，从而发现隐藏在数据背后的规律和趋势。这些分析结果可以帮助企业更好地理解市场需求、竞争对手情况以及行业动态，为企业的决策提

供有力支持。

2. 企业获得的具体收益

通过人形机器人的数据收集与分析功能，企业可以获得以下具体收益。

（1）精准定位目标客户：通过对参观者数据的分析，企业可以清晰地了解目标客户的特征和需求，从而制定更加精准的营销策略，提高营销效果。

（2）优化产品设计与改进：基于客户反馈和市场需求的分析结果，企业可以及时发现产品的不足和潜在改进点，进而优化产品设计，提升产品竞争力。

（3）制定有效的市场策略：通过数据分析，企业可以洞察市场趋势和竞争对手的动态，从而制定出更加有效的市场策略，如定价策略、推广策略等。

（4）提升展览效果与效率：人形机器人的应用可以优化展览布局和流程，提高展览的吸引力和参与度，进而提升展览的整体效果和效率。

3. 人形机器人在应用中的注意事项

人形机器人在数据收集与分析方面具有诸多优势，但在实际应用中仍需要注意以下几点。

（1）确保数据的准确性和完整性：在数据收集过程中，需要确保人形机器人能够准确捕捉并记录所有相关数据，避免因数据缺失或错误而导致分析结果的偏差。

（2）保护客户隐私和数据安全：在收集和处理客户数据时，企业需要严格遵守相关法律法规，确保客户隐私和数据安全得到充分

第八章 人形机器人在贸易领域的落地

保护。

（3）提高数据分析的准确性和有效性：企业需要不断优化人形机器人的数据分析算法和模型，提高分析的准确性和有效性，以便更好地指导企业的决策和行动。

4. 企业考虑的策略

此外，为了充分发挥人形机器人在数据收集与分析方面的优势，企业还可以考虑以下策略。

（1）加强与人形机器人技术提供商的合作：通过与技术提供商的深度合作，企业可以获得更加先进和定制化的人形机器人解决方案，以满足企业在数据收集与分析方面的特定需求。

（2）培养具备数据分析能力的专业人才：企业需要培养一支具备数据分析能力的专业团队，以便更好地利用人形机器人收集到的数据，挖掘其中的价值并为企业决策提供支持。

（3）整合其他数据源进行综合分析：除了人形机器人收集的数据，企业还可以整合其他数据源（如市场调研、销售数据等）进行综合分析，以获得更加全面和深入的市场洞察。

 人形机器人在贸易物流中的创新实践

一、智能分拣与搬运：提升物流效率与准确性

1. 人形机器人的优势

随着全球贸易的日益繁荣和物流行业的快速发展，传统的物流分拣与搬运方式已经难以满足高效、准确、低成本的需求。在这一背景下，人形机器人在贸易物流中的创新实践引起了广泛关注。它

们以独特的优势,正在逐步改变物流行业的传统模式,为提升物流效率与准确性提供了新的解决方案。

(1)人形机器人在智能分拣方面展现出了巨大的潜力。传统的分拣方式往往依赖于人工操作,不仅效率低下,而且容易出错。而人形机器人则可以通过搭载先进的图像识别、深度学习等技术,实现对货物的快速、准确识别与分类。它们可以自主识别货物的形状、大小、重量等信息,并根据预设的规则进行自动分拣。这种智能化的分拣方式不仅大大提高了分拣效率,还降低了人为因素导致的错误率。

(2)人形机器人在搬运方面展现出了独特的优势。传统的搬运方式往往需要大量的人力参与,不仅劳动强度大,而且效率低下。而人形机器人则可以通过模拟人类的动作和姿态,对货物实现轻松搬运。它们可以根据货物的重量和体积自动调整搬运方式,确保搬运过程的安全与稳定。同时,人形机器人还可以自主规划搬运路径,避开障碍物,确保搬运的顺畅与高效。

(3)自主学习与优化。人形机器人可以通过深度学习和强化学习等技术,不断学习和优化自身的分拣与搬运策略。它们可以根据历史数据和实时反馈,不断调整和改进自己的动作和决策,以提高分拣与搬运的准确性和效率。正是基于这种自主学习和优化的能力,人形机器人在面对复杂多变的物流环境时能够更加灵活和高效。

2. 人形机器人面临的挑战和问题

当然,人形机器人在智能分拣与搬运方面的应用还面临一些挑战和问题。例如,如何确保人形机器人在复杂环境中的稳定性和安全性,如何降低人形机器人的制造成本和维护成本,如何保障人形机器人的数据安全和隐私保护等。这些问题需要我们在未来的研究

第八章 人形机器人在贸易领域的落地

和实践中不断探索和解决。

二、库存管理与优化：实时监控与智能调度

库存管理是贸易物流中的关键环节，它直接关系到企业的资金流转、运营效率以及客户满意度。随着科技的不断发展，人形机器人在库存管理与优化方面的应用正日益凸显重要性和价值。通过实时监控与智能调度，人形机器人能够助力企业实现库存的高效管理与优化，进而提升整体运营效率和竞争力。人形机器人在仓库管理中的应用模拟，如图 8-2 所示。

图 8-2　人形机器人在仓库管理中的应用模拟

在库存管理方面，人形机器人通过搭载高精度传感器和先进的算法，可以实现对仓库内货物的实时监控。它们能够自主巡视仓库，识别货物的位置、数量、状态等信息，并将这些数据实时传输到管理系统中。这使得企业能够随时掌握库存情况，避免货物积压和短缺现象的发生。同时，人形机器人还可以通过图像识别和深度学习技术，对货物进行智能分类和标记，提高库存管理的准确性和

效率。

除了实时监控，人形机器人在智能调度方面也发挥着重要作用。它们能够根据实时的库存数据和业务需求，智能规划货物的搬运和配送路径。通过算法优化和路径规划，人形机器人能够实现货物的快速、准确配送，提高库存周转率和客户满意度。此外，人形机器人还可以与其他物流设备（如无人叉车、自动货架等）进行协同作业，形成高效的物流作业体系，进一步提升库存管理与优化的效果。

在实际应用中，人形机器人还具备一些独特的优势。首先，它们具有高度的自主性和灵活性，能够根据不同的场景和需求进行自适应调整。无论是狭窄的过道还是复杂的货架结构，人形机器人都能够轻松应对，完成对货物的搬运和管理工作。其次，人形机器人具备强大的数据处理和分析能力，能够对库存数据进行深度挖掘和分析，为企业提供更加精准的库存预测和决策支持。最后，人形机器人的应用还能够降低人工成本并减少人为错误，提高库存管理的可靠性和稳定性。

尽管人形机器人在库存管理与优化方面展现出巨大的潜力，但在实际应用中仍面临一些挑战。例如，如何确保人形机器人在复杂环境中的稳定运行，如何保障数据的准确性和安全性，如何与现有的物流系统进行有效集成等问题都需要进一步研究和解决。此外，随着技术的不断发展，人形机器人还需要不断升级和优化，以适应日益复杂的库存管理和优化需求。

未来，随着人工智能、物联网等技术的不断融合与创新，人形机器人在库存管理与优化方面的应用将更加广泛和深入。它们将不仅仅承担简单的搬运和管理工作，还能够成为企业智能物流体系的重要组成部分，为企业带来更加高效、精准和可持续的库存管理与优化解决方案。

三、跨境贸易支持：简化流程、降低风险

跨境贸易作为全球经济一体化的重要体现，日益成为企业拓展海外市场、提升国际竞争力的关键途径。然而，跨境贸易的复杂性、多变性和风险性也给企业带来了诸多挑战。在这一背景下，人形机器人在跨境贸易中的应用逐渐受到重视，其通过简化流程、降低风险，为企业提供了全新的解决方案。

首先，人形机器人在简化跨境贸易流程方面发挥着重要作用。传统的跨境贸易流程涉及多个环节和部门，如海关清关、物流运输、支付结算等，每个环节都需要人工操作，流程烦琐且效率低下。而人形机器人通过自动化和智能化的技术手段，能够实现对这些环节的全面优化。例如，人形机器人可以通过与海关系统对接，实现自动申报、自动审核和自动放行，从而大大缩短了清关时间，提高了通关效率。同时，人形机器人还可以利用先进的物流算法，实现智能调度和优化配送路径，降低物流成本，提升物流效率。此外，人形机器人还可以协助企业进行支付结算，实现自动对账、自动汇款等功能，从而简化支付流程，降低支付风险。

其次，人形机器人在降低跨境贸易风险方面也具有显著优势。跨境贸易涉及多个国家和地区的法律法规、政策环境、货币汇率等因素，这些因素的变化都可能给企业带来潜在的风险。人形机器人通过实时监测和分析全球贸易数据、政策动态和汇率变化，能够为企业提供及时、准确的风险预警和应对策略。例如，人形机器人可以通过大数据分析，预测某一国家或地区的贸易政策变化，从而帮助企业及时调整贸易策略，规避潜在风险。同时，人形机器人还可以通过智能风险评估模型，对贸易伙伴进行信用评估，筛选出可靠

的合作伙伴，降低贸易欺诈和违约风险。此外，人形机器人还可以协助企业进行合规管理，确保企业的贸易活动符合相关国家和地区的法律法规要求，避免因违规操作而引发的风险。

此外，人形机器人在跨境贸易中还能提供个性化的服务支持。不同企业在跨境贸易中有不同的需求和痛点，需要定制化的解决方案。人形机器人通过深度学习和自然语言处理技术，能够理解和分析企业的具体需求，并提供相应的服务。例如，对于需要频繁进行跨境贸易的企业，人形机器人可以提供定制化的贸易解决方案，包括市场分析、贸易策略制定、合作伙伴筛选等，从而帮助企业更好地把握市场机遇，提升贸易效益。对于需要处理大量贸易数据的企业，人形机器人可以提供数据分析服务，帮助企业挖掘数据价值，优化贸易决策。这些个性化的服务支持能够进一步提升企业在跨境贸易中的竞争力。

尽管人形机器人在跨境贸易中带来了诸多便利和优势，但其应用也面临一些挑战和限制。首先，跨境贸易涉及多个国家和地区的法律法规和隐私政策，人形机器人的应用需要遵守相关规定，确保数据安全和隐私保护。其次，不同国家和地区的贸易环境、文化差异等也可能对人形机器人的应用产生一定的影响，企业需要充分考虑这些因素，制定合适的应用策略。此外，人形机器人的应用还需要与其他贸易系统进行对接和集成，以确保数据的准确性和一致性。

为了充分发挥人形机器人在跨境贸易中的优势，企业需要采取一系列措施。首先，企业需要与人形机器人技术提供商加强合作，共同研发适用于跨境贸易的人形机器人解决方案。其次，企业需要对员工加强培训和教育，提高他们对人形机器人的认知和使用能力。此外，企业还需要建立健全的数据管理和隐私保护机制，以确保人形机器人的应用符合相关法律法规的要求。

第八章 人形机器人在贸易领域的落地

第四节 人形机器人在贸易谈判与合同签订中的作用

一、智能翻译与沟通：打破语言障碍，促进国际交流

在数字化和全球化的双重推动下，贸易谈判与合同签订逐渐呈现出复杂化、精细化的趋势。在这一背景下，人形机器人以其独特的技术优势，正逐渐成为贸易领域中的一股新兴力量。它们不仅具备高度智能化的翻译与沟通能力，还能通过深度学习和大数据分析，为贸易谈判提供精准的策略支持，为合同签订提供安全可靠的保障。

人形机器人在贸易谈判中的首要作用体现在智能翻译与沟通方面。人形机器人通常配备了先进的语音识别和机器翻译技术，能够实时将不同语言之间的对话进行精准翻译。通过深度学习算法，人形机器人能够不断优化翻译质量，提高翻译的准确性和流畅性。

在贸易谈判中，语言障碍往往成为阻碍双方有效沟通的关键因素。然而，人形机器人的出现彻底改变了这一局面。它们能够迅速识别并翻译出谈判双方的发言内容，将信息准确无误地传递给对方。同时，人形机器人还能根据语境和文化背景进行智能调整，使翻译结果更加贴近实际，减少误解和歧义的产生。

除了实时翻译功能，人形机器人还具备自然语言处理能力。它们能够理解并解析谈判双方的语义和意图，为谈判者提供有针对性的建议和指导。通过深度学习和大数据分析，人形机器人能够挖掘出隐藏在语言背后的深层信息，帮助谈判者更好地把握对方的立场和需求，从而制定出更加精准有效的谈判策略。

此外，人形机器人在沟通方面还具备独特的优势。它们能够保

持冷静、客观的态度，避免情绪化因素的影响。在谈判过程中，人形机器人能够始终保持耐心和专注，为谈判者提供稳定可靠的支持。同时，人形机器人还能根据谈判进展和氛围变化，及时调整沟通方式和策略，确保谈判的顺利进行。

除了智能翻译与沟通，人形机器人还能通过深度信息分析技术，为贸易谈判提供强大的策略支持。它们能够收集并分析大量的市场数据、行业信息以及竞争对手情报，为谈判者提供全面、准确的数据支持。

在谈判前，人形机器人可以对目标市场进行深入分析，了解市场需求、价格趋势以及潜在风险等因素。这些信息有助于谈判者制定出更加符合市场实际的谈判目标和策略。同时，人形机器人还能对竞争对手进行深入研究，分析他们的优势、劣势以及可能采取的行动，为谈判者提供有针对性的应对策略。

在谈判过程中，人形机器人能够实时跟踪谈判进展，分析谈判双方的表态和反应。通过深度学习和模式识别技术，人形机器人能够预测对方可能的行动和反应，为谈判者提供及时的预警和建议。这有助于谈判者更好地掌握谈判节奏和主动权，提高谈判的成功率。

此外，人形机器人还能通过大数据分析技术，挖掘出隐藏在数据背后的潜在价值和规律。它们能够对历史谈判数据进行总结和归纳，提炼出成功的谈判经验和策略模式。这些经验和模式可以为未来的谈判提供宝贵的参考和借鉴。

二、合同审核与风险评估：提升合同签订的规范性与安全性

在贸易活动中，合同的签订是确保双方权益和保障交易顺利进行的关键环节。然而，合同中往往涉及复杂的法律条款、交易细

以及潜在风险，需要对其进行严格的审核和风险评估。在这一背景下，人形机器人在合同审核与风险评估方面发挥着重要作用，为合同签订提供了更高的规范性和安全性。

人形机器人在合同审核方面具备显著优势。它们拥有强大的数据处理和分析能力，能够迅速浏览并理解合同中的各项条款。通过自然语言处理和深度学习技术，人形机器人能够自动提取合同中的关键信息，如交易金额、交货时间、违约责任等，并与预设的规则和标准进行比对。这不仅可以大大提高审核效率，减少人为因素导致的疏漏和错误，还能确保合同内容符合相关法律法规和行业标准。

此外，人形机器人还能够根据历史数据和经验，对合同中的潜在风险进行预测和识别。它们能够分析合同条款中可能存在的歧义、漏洞或不利因素，并给出相应的提示和建议。这有助于企业在签订合同前及时发现并规避潜在风险，避免未来可能出现的纠纷和损失。

在风险评估方面，人形机器人同样发挥着不可或缺的作用。它们能够收集并分析大量的市场数据、行业报告以及竞争对手信息，对交易背景进行全面评估。通过构建风险模型和运用机器学习算法，人形机器人能够对合同中的各项风险进行量化分析，并给出风险等级和应对措施。这有助于企业在签订合同时更加清晰地了解交易风险，从而制定出更加合理和稳健的交易策略。

值得一提的是，人形机器人在合同审核与风险评估过程中还能够为企业提供法律支持。它们能够自动检索和引用相关法律法规，为合同条款的合法性和合规性提供有力保障。同时，人形机器人还能够根据法律环境的变化和新的司法解释，对合同审核和风险评估流程进行动态调整和优化，以确保企业始终保持在法律框架内运营。

除了上述优势，人形机器人在合同审核与风险评估中还具有高度的客观性和一致性。人形机器人是基于算法和数据进行工作的，因此它们能够避免人为因素导致的偏见和主观性。这使得合同审核和风险评估的结果更加客观、准确和可靠，为企业决策提供了有力的支持。

此外，人形机器人在处理大量合同和复杂交易方面表现出色。它们能够同时处理多个合同审核任务，大大提高了工作效率。同时，人形机器人还能够对复杂的交易结构进行拆解和分析，为企业提供更加全面和深入的交易风险评估。

然而，尽管人形机器人在合同审核与风险评估方面具有诸多优势，但我们也应认识到它们并非万能。在实际应用中，企业仍需要根据自身的业务特点和实际需求，合理利用人形机器人的优势，同时对人形机器人的工作保持监督和审查。此外，随着技术的不断发展，企业还需要关注人形机器人在合同审核与风险评估方面的最新进展和应用案例，以便及时调整和优化自身的工作流程。

三、智能决策支持：辅助贸易双方做出更明智的决策

在全球化贸易的大背景下，贸易双方需要在复杂多变的市场环境中做出快速而明智的决策。人形机器人作为一种高度智能化的决策支持工具，正在逐渐改变传统的决策模式，为贸易双方提供更为精准、高效的决策支持。

人形机器人在智能决策支持方面所展现的广度主要体现在信息获取与处理的多样性上。人形机器人能够通过多种渠道收集市场数据、行业动态、竞争对手信息等，形成全面而细致的市场分析。同时，人形机器人还能对海量数据进行深度挖掘，从中提取出有价值的信息和趋势，为贸易双方提供全方位的决策参考。

此外，人形机器人还能根据贸易双方的需求和偏好，提供个性化的决策支持服务。例如，人形机器人可以根据企业的战略目标、风险承受能力等因素，为其制定个性化的贸易策略；或者根据市场变化和客户需求，为企业提供产品创新和升级的建议。这种个性化的决策支持服务，使得人形机器人在不同行业和场景中都能发挥重要作用。

在深度方面，人形机器人的智能决策支持主要体现在强大的数据分析、预测和模拟能力上。人形机器人能够运用先进的算法和模型，对市场数据进行深度分析，预测市场趋势和变化。通过机器学习技术，人形机器人还能不断学习和优化自身的预测模型，提高预测的准确性和可靠性。

此外，人形机器人还能进行复杂场景的模拟和推演。通过构建虚拟贸易环境，人形机器人可以模拟不同策略和决策方案下的市场反应和结果。这种模拟推演能力使得贸易双方能够在实际决策前对不同的方案进行充分的测试和评估，从而选择出最优的决策方案。

人形机器人在智能决策支持方面的广泛应用和深度挖掘离不开强大的技术支撑。一方面，人形机器人依赖于大数据和云计算技术，实现海量数据的存储、处理和分析。这使得机器人能够快速响应市场变化，提供实时、准确的决策支持。另一方面，人工智能和机器学习技术的不断发展也为人形机器人的智能决策支持提供了有力支撑。通过深度学习和强化学习等技术，机器人能够不断优化自身的决策模型和算法，提高决策的准确性和效率。

在实际应用中，人形机器人的智能决策支持已经取得了显著的效果。例如，在贸易谈判中，人形机器人能够根据谈判双方的发言和表情，实时分析谈判态势和对方的意图，为谈判者提供有针对性的建议和策略。这有助于谈判者更好地把握谈判节奏和方向，提高谈判的成功率。

此外,在合同签订和履行过程中,人形机器人也能提供智能决策支持。通过合同审核和风险评估功能,人形机器人能够识别出合同中的潜在风险和问题,为贸易双方提供风险提示和建议。在合同履行过程中,人形机器人还能对合同履行情况进行实时监控和预警,确保合同能够按照约定顺利执行。

展望未来,人形机器人在智能决策支持方面的应用将更加广泛和深入。随着技术的不断进步和应用场景的不断拓展,人形机器人将提供更为精准、高效的决策支持服务。同时,随着贸易活动的日益复杂和多变,人形机器人也需要不断学习和适应新的市场环境和规则,以更好地满足贸易双方的需求。

然而,人形机器人在智能决策支持方面也面临一些挑战。例如,如何确保人形机器人的决策结果符合法律法规和伦理要求,如何平衡人形机器人的自动化决策与人类的智慧和经验,如何保护贸易双方的隐私和数据安全等,这些问题都需要进一步研究和探讨。

第五节 人形机器人在贸易金融领域的探索

一、支付与结算的自动化处理

随着科技的飞速发展,人形机器人在贸易金融领域的应用日益广泛。其中,支付与结算的自动化处理成为人形机器人探索的重要方向。人形机器人通过运用先进的技术和算法,能够实现支付与结算的高效、准确和自动化,为贸易金融带来革命性的变革。

人形机器人在支付自动化方面发挥着重要作用。传统的支付方式往往需要人工操作,存在效率低下、易出错等问题。而人形机器人通过集成先进的支付系统和算法，能够自动识别和处理支付信息，实现支付流程的自动化。

具体来说，人形机器人可以通过扫描二维码、读取芯片卡等方式获取支付信息，并通过内置的支付模块进行处理。人形机器人还可以与各种支付平台和银行系统进行对接，实现支付信息的实时传输和验证。这种自动化的支付方式大大提高了支付效率，减少了人为因素导致的错误。

此外，人形机器人还能根据贸易双方的需求和偏好，提供个性化的支付解决方案。例如，人形机器人可以根据企业的支付习惯和信用状况，为企业推荐最合适的支付方式；或者根据交易的特点和风险，为贸易双方提供安全可靠的支付保障。

在结算自动化方面，人形机器人同样展现出强大的能力。传统的结算过程往往涉及大量的数据核对、计算和处理工作，不仅耗时耗力，还容易出错。而人形机器人通过运用大数据分析和智能算法，能够实现结算流程的自动化和智能化。

人形机器人可以自动收集和处理与结算相关的数据，包括交易金额、货物数量、税费等。通过内置的结算系统和算法，人形机器人能够对这些数据进行快速、准确的计算和核对，确保结算结果的准确性和可靠性。同时，人形机器人还可以自动生成结算报告和凭证，为贸易双方提供清晰、完整的结算信息。

值得一提的是，人形机器人在处理复杂结算场景时表现出色。例如，在跨境贸易中，结算过程往往涉及多个货币、税务和法规的差异。人形机器人能够根据不同国家和地区的规则和标准，自动调整结算方式和参数，确保跨境结算的顺利进行。

人形机器人在支付与结算自动化方面具有诸多优势。首先，自动化处理大大提高了支付与结算的效率，减少了人工操作的烦琐和耗时。其次，人形机器人通过智能算法和数据分析，能够降低人为因素导致的错误和风险，提高支付与结算的准确性。此外，自动化处理还有助于降低贸易成本，提高贸易效率，为贸易双方创造更大的商业价值。

2023年12月中旬，山西焦化财务共享中心引入资金结算机器人。以前人工处理一笔业务需要2～3分钟，而机器人可在1分钟内自动处理多笔业务。该机器人能快速识别、比对单据信息与支付信息，完成单位结算办理、网银发送、结算确认等工作，实现了资金支付流程的数智化转型。经过2个月试运行，其运行流畅稳定，不仅节省了人力和时间，提升了业务处理效率，还避免了数据处理出错、遗漏等问题。

杭州供电公司在2020年研发和应用了国家电网系统首台电商采购智能结算机器人。这台机器人对外与金税系统相连，对内接入企业资源管理系统，能自动完成从采购订单校验、发票校验、电子报账、付款申请等环节的全过程操作，将传统人工办理需要5天的时间压缩至1分钟内完成。它还能在结算过程中发送关键节点信息，帮助供应商及时了解订单流转进程和资金回款情况。该机器人每年处理5 000余张结算单据，节约人力约800人工天，使电商采购平均周期从30天下降至10天内。

2023年，国网电力上线rpa（机器人流程自动化）光伏结算机器人。该机器人可代替人工核对客户发电量、上网电量、上网电费、补助资金、账号等信息，自动标识异常数据，进行核对数据、生成结算单、发票录入单、生成记账凭证，自动填写支付账号并发起支付。每400户分布式光伏发电户的光伏结算工作由原来的两天时间缩短至半个小时,并且将结算周期从半年一次缩短至按季度结算,使光伏补贴结算和发放更快、更准确。

尽管人形机器人在支付与结算自动化方面取得了显著进展,但仍面临一些挑战。

首先,技术标准和安全性的问题需要得到进一步解决。随着支付与结算自动化的普及,如何确保系统的安全性和稳定性成为重要问题。

其次,数据隐私和保护也是亟待解决的问题。在处理支付与结算数据时,如何保护贸易双方的隐私和信息安全成为人形机器人需要面对的挑战。

二、信用评估与风险管理

在贸易金融领域,信用评估与风险管理是确保交易顺利进行、降低潜在风险的关键环节。人形机器人以其高效、精准和智能化的特点,在这一领域中为贸易双方提供了更为全面和专业的服务。

传统的信用评估过程往往依赖于人工收集和分析大量的企业信息、财务数据、经营情况等数据,不仅效率低下,而且容易受到人为因素的干扰。而人形机器人通过集成先进的信用评估系统和算法,能够实现对信用评估的自动化和智能化处理。

人形机器人可以通过网络爬虫、数据挖掘等技术,自动收集贸易双方的相关信息,包括企业资质、经营状况、财务状况、历史交易记录等。随后,人形机器人利用大数据分析和机器学习算法,对这些数据进行深度处理和分析,提取出与信用评估相关的关键信息。

在信用评估过程中,人形机器人还可以结合市场环境、行业趋势、政策变化等因素,对贸易双方的信用状况进行综合评估。通过构建信用评估模型,人形机器人能够自动计算出贸易双方的信用得分和评级,为贸易双方提供客观、准确的信用评估结果。

在贸易金融中,风险管理同样至关重要。人形机器人通过实时监测和分析贸易过程中的各项数据,能够及时发现潜在风险并采取应对措施,以确保贸易活动的顺利进行。

人形机器人可以对贸易双方的交易行为、资金流向、物流情况等进行实时跟踪和监控。通过构建风险预警模型,人形机器人能够自动识别异常交易和潜在风险,并向贸易双方发出预警信息。同时,人形机器人还可以根据风险类型和程度,为贸易双方提供有针对性的风险应对建议,帮助其降低风险损失。

此外,人形机器人还可以利用区块链、物联网等先进技术,实现贸易数据的透明化和可追溯性。通过对贸易数据的实时采集和验证,人形机器人能够确保贸易数据的真实性和完整性,进一步降低贸易风险。

不同企业和行业在信用评估和风险管理方面有着不同的需求和特点。人形机器人能够根据贸易双方的具体需求和偏好,提供个性化的信用评估与风险管理服务。例如,对于信用评级较高的企业,人形机器人可以为其提供更加优惠的贸易条件和金融服务;对于信用评级较低的企业,人形机器人可以帮助其分析信用短板,提供改进建议,并为其匹配风险承受能力较高的贸易伙伴。

此外,人形机器人还可以根据不同行业的风险特点和市场状况,制定相应的风险管理策略。例如,在跨境贸易中,人形机器人可以关注汇率波动、关税政策等因素对贸易风险的影响,为贸易双方提供有针对性的风险管理方案。

总之，人形机器人在信用评估与风险管理中的应用具有诸多优势。

首先，人形机器人的自动化和智能化处理能够大大提高信用评估和风险管理的效率，降低人力成本。

其次，人形机器人通过大数据分析和机器学习算法，能够实现对信用和风险的精准评估，提高评估结果的准确性和可靠性。

此外，人形机器人还能够提供个性化的服务，满足不同企业和行业的需求。

尽管人形机器人在信用评估与风险管理方面取得了显著进展，但仍面临一些挑战。例如，如何确保人形机器人的信用评估和风险管理模型能够适应不断变化的市场环境和行业趋势，如何保障贸易数据的安全性和隐私性，如何与现有的信用评估和风险管理体系进行有效融合等。

三、贸易融资与供应链金融的创新应用

在贸易金融领域，贸易融资与供应链金融是保障供应链顺畅运作、缓解资金压力的关键环节。人形机器人在这一领域的创新应用，以其高效、智能和精准的特点，为贸易双方和金融机构提供了新的解决方案和增值服务。

传统的贸易融资过程往往涉及烦琐的文档处理、审核和担保程序，不仅耗时耗力，而且容易出错。人形机器人通过集成先进的贸易融资系统和算法，能够实现贸易融资的自动化和智能化处理。

人形机器人可以自动识别和解析贸易合同、发票、运输单据等关键文档，提取融资申请所需的信息。同时，人形机器人还可以根据预设的规则和算法，对融资申请进行自动审核和风险评估。这大大减少了人工审核的时间和成本，提高了融资申请的处理效率。

人形机器人还可以根据贸易双方的交易记录和信用状况，为

其提供个性化的融资方案。人形机器人可以综合考虑融资需求、成本、期限等因素，为贸易双方推荐最合适的融资产品，实现资金的优化配置。

供应链金融旨在通过金融手段优化供应链的运作，提高供应链的效率和韧性。人形机器人在供应链金融中的创新应用，能够实现供应链的智能化管理与优化。

人形机器人可以实时监控供应链的各个环节，包括原材料采购、生产、库存、销售等。通过收集和分析供应链数据，人形机器人能够发现潜在的瓶颈和风险，并提出相应的解决方案。例如，人形机器人可以预测供应链的库存需求，帮助贸易双方合理安排生产和采购计划，避免库存积压和资金占用。

此外，人形机器人还可以利用区块链技术，实现供应链金融的透明化和可追溯性。通过构建基于区块链的供应链金融平台，人形机器人能够确保供应链数据的真实性和不可篡改性，提高供应链的信任度和协作效率。

人形机器人在贸易融资与供应链金融的协同管理方面也具有独特的优势。人形机器人可以将贸易融资与供应链金融的数据和信息进行整合和共享，实现两者无缝对接。这有助于贸易双方和金融机构更全面地了解供应链的运作情况，制定更加精准的融资和风险管理策略。

通过协同管理，人形机器人还可以帮助贸易双方优化资金流和物流的匹配，提高供应链的运作效率。例如，人形机器人可以根据供应链的实时数据和融资需求，为贸易双方提供定制化的融资解决方案，确保其资金流的稳定和充足。

人形机器人在贸易融资与供应链金融领域具有广阔的创新应用前景。随着技术的不断进步和应用场景的不断拓展，人形机器人将

第八章 人形机器人在贸易领域的落地

在贸易融资与供应链金融领域发挥更大的作用。然而，人形机器人也面临一些挑战，如技术标准的统一、数据安全和隐私保护、法律法规的完善等。

为了充分发挥人形机器人在贸易融资与供应链金融领域的优势，我们需要进一步加强技术研发和创新，提高人形机器人的智能化水平和处理能力。同时，还需要加强行业合作和监管协调，推动相关标准和法规的制定和完善，为人形机器人的创新应用提供有力的支持和保障。

人形机器人在贸易领域落地的难点与解决方案

一、技术挑战：精度、稳定性与适应性

人形机器人在贸易领域的落地应用，无疑为该行业带来了巨大的潜力和价值，但与此同时，人形机器人也面临着一系列技术上的挑战，尤其是在精度、稳定性与适应性这三个关键方面。

（1）在贸易领域的应用方面，要求人形机器人在执行各种任务时具备极高的精度。无论是货物搬运、信息录入还是交易决策，都需要人形机器人准确无误地完成。然而，目前人形机器人在精度方面仍存在一定的局限性。

首先，人形机器人的运动控制系统需要进一步优化。人形机器人的运动精度受到机械结构、传感器精度、控制算法等多种因素的影响。为了提高人形机器人的运动精度，需要采用更先进的机械结构设计，提高传感器的灵敏度和分辨率，并优化控制算法，以实现更加精准的运动控制。

其次，人形机器人的感知能力也需要进一步提升。在贸易领域中，人形机器人需要准确识别货物、读取标签、理解指令等。这要求人形机器人具备高精度的视觉识别、语音识别和自然语言处理能力。通过引入深度学习、计算机视觉等先进技术，可以提高人形机器人的感知精度，使其更好地适应贸易领域的需求。

（2）稳定性是人形机器人在贸易领域应用中不可忽视的一个方面。人形机器人需要在各种复杂环境下稳定运行，不受外界干扰，以确保任务的顺利完成。然而，目前人形机器人在稳定性方面还存在一些问题。

一方面，人形机器人的硬件设计需要更加坚固耐用。在贸易领域中，人形机器人可能面临各种恶劣的环境条件，如高温、低温、潮湿等。因此，人形机器人的硬件结构需要具备良好的抗干扰能力和耐久性，以应对各种极端环境。

另一方面，其软件系统的稳定性也需要加强。在长时间的运行过程中，软件系统可能会出现各种故障或错误，导致人形机器人无法正常工作。为了提高软件系统的稳定性，需要采用更加健壮的编程语言和算法，加强系统的错误处理和恢复能力，确保人形机器人在遇到问题时能够自动调整或恢复运行。

（3）适应性是人形机器人在贸易领域应用中需要面对的另一大挑战。贸易领域的环境和需求变化多端，人形机器人需要快速适应各种新的场景和任务。然而，目前人形机器人在适应性方面还有待提高。

首先，人形机器人需要具备更强的学习能力。通过引入机器学习、强化学习等技术，人形机器人能够自主学习和适应新的环境和任务。这样，当贸易领域出现新的需求或变化时，人形机器人能够迅速调整自身的行为和策略，以适应新的环境。

其次,人形机器人需要具备更好的泛化能力。泛化能力是指人形机器人在面对未知或新颖的任务时,能够利用已有的知识和经验进行推理和决策的能力。通过优化人形机器人的算法和模型,提高其泛化能力,可以使人形机器人更好地适应贸易领域的各种变化。

二、法律与监管挑战:贸易法规与人形机器人使用的合规性

1. 人形机器人与法律监管

随着人形机器人在贸易领域的逐步深入应用,其面临的法律与监管挑战也日益凸显。这些挑战主要源于现行贸易法规与人形机器人使用之间的合规性问题,涉及隐私保护、数据安全、责任界定等多个方面。

贸易活动涉及大量的个人和企业信息,包括交易数据、客户资料等。人形机器人在处理这些信息时,必须严格遵守隐私保护法规,确保信息不被非法获取或滥用。然而,目前关于人形机器人处理个人信息的法律规范尚不完善,隐私保护机制也存在漏洞,这使得人形机器人的信息处理行为难以得到有效监管。

人形机器人在贸易领域的应用涉及大量的数据传输和存储,包括交易指令、物流信息等。这些数据的安全性直接关系到贸易活动的正常进行和企业的经济利益。然而,网络攻击、数据泄露等风险始终存在,一旦数据被非法获取或篡改,将给贸易双方带来巨大损失。因此,如何确保人形机器人处理数据的安全性,是法律与监管面临的重要挑战。

当人形机器人在贸易活动中出现问题或造成损失时,如何界定责任成为一个难题。由于人形机器人具有自主性和智能性,其行

为往往难以完全预测和控制，这使得责任归属变得复杂而模糊。此外，现行法律对于人形机器人行为的法律后果和责任主体尚无明确规定，这也增加了责任界定的难度。

2. 解决方案

针对上述法律与监管挑战，目前有以下解决方案。

（1）完善相关法律法规：制定和完善关于人形机器人在贸易领域应用的法律法规，明确人形机器人的法律地位、权利义务和责任归属。同时，加大对人形机器人隐私保护和数据安全的监管力度，确保贸易活动的合规性和安全性。

（2）建立监管机制：建立专门的监管机构或部门，负责对人形机器人在贸易领域的应用进行监管和管理。这些机构或部门应制定详细的监管规则和流程，对人形机器人的使用情况进行定期检查和评估，确保其符合法律法规的要求。

（3）加强技术保障：通过技术手段加强人形机器人的隐私保护和数据安全。例如，采用加密技术保护数据传输和存储的安全性；建立安全审计机制，对人形机器人的信息处理行为进行实时监控和记录；开发智能安全防御系统，抵御网络攻击和数据泄露等风险。

（4）明确责任归属：在法律法规中明确人形机器人在贸易活动中造成损失时的责任归属原则。可以考虑根据人形机器人的自主程度、操作人员的指导程度以及损失的具体情况等因素来综合判断责任归属。同时，鼓励企业购买相关保险以减轻潜在风险。

三、社会接受度与心理障碍：提高公众对人形机器人在贸易领域应用的认知与接受度

随着科技的快速发展，人形机器人在贸易领域的应用日益广

第八章 人形机器人在贸易领域的落地

泛,然而,其普及和应用面临着社会接受度与心理障碍的挑战。这些挑战不仅来自公众对人形机器人的认知不足,还涉及对人形机器人取代人类工作的担忧,以及对人形机器人可能带来的安全和隐私问题的顾虑。因此,提高公众对人形机器人在贸易领域应用的认知与接受度,对于促进其广泛应用和推动贸易领域的发展具有重要意义。

目前,公众对人形机器人的认知主要来源于媒体报道和日常接触。因此,加强科普宣传与教育是提高公众认知与接受度的有效途径。政府、企业和科研机构可以通过举办科普讲座、展览、开放日等活动,向公众介绍人形机器人的原理、功能和应用场景,让人们了解其优势和潜力。同时,媒体也应积极传播人形机器人在贸易领域的成功案例和积极影响,增强公众对其价值的认识。

人形机器人的引入和应用需要与社会文化相适应和融合。因此,推动文化适应与融合也是提高公众接受度的关键。政府和企业应尊重公众的文化传统和价值观念,避免在推广人形机器人时与其产生冲突。同时,企业还可以通过文化创新和产品设计,将人形机器人与传统文化元素相结合,打造出更具亲和力和吸引力的产品形象,从而提高公众对其的接受度。

政府在推动人形机器人在贸易领域应用的过程中,应制定相关政策,明确人形机器人的法律地位、权利义务和监管责任,为公众提供明确的指导和保障。同时,政府还应加大对人形机器人技术研发和应用的投入,推动相关产业的发展,为公众提供更多的就业机会和收入来源,从而减轻对人形机器人取代人类工作的担忧。

人形机器人在贸易领域的应用具有诸多优势,如提高工作效率、降低运营成本、优化资源配置等。然而,这些优势往往被公众忽视或低估。因此,通过实际案例和数据分析来展示人形机器人的优势与效益,是提高公众接受度的有效途径。例如,可以列举一些贸易企业在引入人形机器人后降低成本、提升效率的具体数据，或者展示人形机器人在处理复杂任务时的出色表现，让公众更加直观地了解其价值和作用。

人机交互的友好性是影响公众接受度的重要因素。人形机器人在设计阶段应注重人性化、易用性和舒适性，使其能够与人类进行自然、流畅的交互。同时，还可以通过引入智能语音识别、情感计算等技术，增强人形机器人的交互能力和情感表达能力，让公众感受到人形机器人的友善和智能。

公众对人形机器人的安全和隐私问题的担忧是阻碍其接受度的重要因素。因此，加强安全监管和隐私保护是提高公众接受度的关键措施。政府应制定严格的安全标准和监管制度，确保人形机器人在设计、生产和使用过程中符合安全要求。同时，政府还应加强对人形机器人数据收集、处理和使用的监管，保护个人隐私不受侵犯。

开展公众参与和体验活动是让公众亲身感受人形机器人优势和魅力的有效方式。通过举办体验活动、开放实验室等方式，让公众有机会亲自操作、与人形机器人互动，从而消除公众对其的陌生感和恐惧感。这种亲身体验的方式往往能够让公众更加深入地了解人形机器人的功能和价值，提高对其的接受度。

第九章 人形机器人与家庭及个人生活的深度融合

第一节　人形机器人在家庭日常中的智能化服务

一、人形机器人在家务劳动中的智能化辅助

随着科技的飞速发展，人形机器人正逐渐走进家庭，成为我们日常生活的一部分。它们以独特的智能化服务，为家庭带来了前所未有的便利和舒适体验。其中，人形机器人在家务劳动中的智能化辅助尤为突出，它们不仅能够承担繁重的家务任务，还能通过智能算法和学习能力，不断优化自身的服务质量和效率。家务类人形机器人，如图 9-1 所示。

家庭作为人们生活的核心场所，其日常运作涉及众多琐碎而重要的任务。人形机器人通过智能化的服务，能够极大地减轻家庭成员的负担，提升家庭生活的品质。

1. 人形机器人的智能化辅助

家务劳动是家庭生活中不可或缺的一部分，但往往也是最烦琐和耗费精力的。人形机器人的出现，为家务劳动带来了革命性的变

图 9-1　家务类人形机器人

革。它们能够通过智能感知、识别和执行能力,完成一系列的家务任务,如清洁、烹饪、洗衣等。

　　首先,在清洁方面,人形机器人能够自主规划清洁路线,识别并避开障碍物,通过高效的吸尘和拖地功能,保持家庭的整洁和卫生。它们还能根据家庭环境的实际情况,智能调整清洁力度和频率,确保清洁效果的最大化。

　　其次,在烹饪方面,人形机器人具备精湛的厨艺和丰富的食谱库。它们能够根据家庭成员的口味偏好和营养需求,自动选择食材和烹饪方式,制作出美味可口的餐点。同时,它们还能通过智能学习,不断优化烹饪技巧和口感,让家庭成员享受到更加多样化的美食体验。

　　此外,人形机器人还能承担洗衣、照顾宠物等家务任务。它们能够自动识别衣物的材质和污渍程度,选择合适的洗涤方式和程序,确保衣物的清洁和卫生。同时,它们还能通过智能识别和交互能力,与宠物建立亲密关系,为宠物提供日常照顾和陪伴。

第九章　人形机器人与家庭及个人生活的深度融合

除了完成具体的家务任务，人形机器人还能通过智能分析和学习，为家庭成员提供更加个性化和贴心的服务。它们能够记录家庭成员的生活习惯和喜好，预测并满足其潜在需求。例如，人形机器人在观察到家庭成员工作繁忙、精力不足时，可以主动提供按摩、播放轻音乐等放松服务，帮助家庭成员缓解疲劳和压力。

同时，人形机器人在家务劳动中的智能化辅助还具有极高的可扩展性和灵活性。随着科技的进步和家庭需求的不断变化，人形机器人可以通过升级软件和添加功能模块，来适应新的家务任务和场景。这使得人形机器人在家庭中的应用更加广泛和深入，满足更多样化的家庭需求。

2024 年 5 月，一则新闻引起广泛关注。在上海的一个普通家庭中，家务劳动机器人"智家宝"成为家庭的得力助手。这款机器人由国内某科技公司研发，它能够自主完成扫地、拖地、擦窗户等多项家务任务。

据这户家庭的主人介绍，"智家宝"的出现极大地减轻了他们的家务负担。它可以智能规划清洁路线，确保每个角落都能被打扫干净。而且，当遇到障碍物时，机器人能够灵活地避开，不会对家具造成损坏。此外，"智家宝"还可以根据主人的指令进行特定区域的清洁，比如只打扫客厅或者厨房。这款家务劳动机器人的出现，让人们看到了科技为家庭生活带来的便利，也为未来的家居生活提供了更多的可能性。

2. 人形机器人带来的潜在风险与挑战

然而，尽管人形机器人在家务劳动中的智能化辅助带来了诸多便利，但我们也应意识到其潜在的风险和挑战。例如，人形机器人的自主决策和学习能力可能引发隐私和安全问题；家庭成员对人形机器人的过度依赖可能导致生活技能的退化等。因此，在推广和应用人形机器人的过程中，需要制定相应的规范和标准，确保其在提供智能化服务的同时，也能够保障家庭成员的权益和安全。

二、人形机器人在家庭安全与监控中的应用

家庭安全与监控是现代社会中不可忽视的重要议题。随着人形机器人技术的不断进步，它们在家庭安全与监控领域正逐渐发挥重要作用，为家庭成员提供更加全面和高效的安全保障。

首先，人形机器人在家庭安全巡逻方面表现出色。它们可以自主规划巡逻路线，通过高清摄像头和传感器，实时监控家庭内部和周边环境。一旦检测到异常情况，如陌生人闯入、发生火灾等，人形机器人会立即发出警报，并通过手机 App 等方式通知家庭成员或相关部门。这种实时监控和快速响应的能力，极大地提升了家庭的安全性。

其次，人形机器人还具备智能识别功能，能够区分家庭成员和陌生人。通过面部识别、声音识别等技术，它们可以准确判断进入家庭的人员身份，并据此做出相应的反应。这种智能识别功能不仅有助于防止不法分子入侵，还能为家庭成员提供更加个性化的服务。

此外，人形机器人在家庭监控方面也具有独特的优势。它们可以长时间、不间断地监控家庭内部的情况，记录家庭成员的活动轨迹和日常习惯。这些数据可以用于分析家庭成员的生活状态和需求，为家庭成员提供更加贴心的服务。同时，家庭成员也可以通过手机 App 等方式，随时查看家庭内部的实时监控画面，了解家庭的情况。

第九章 人形机器人与家庭及个人生活的深度融合

除了上述应用,人形机器人还可以与其他智能家居设备配合使用,共同构建更加完善的家庭安全系统。例如,当人形机器人检测到烟雾时,它可以自动启动智能家居系统的消防模式,关闭燃气阀门、打开门窗等,以最大限度地减少火灾带来的损失。这种联动机制使家庭安全更加智能化和高效化。

然而,尽管人形机器人在家庭安全与监控中的应用带来了诸多便利,但我们也应关注其潜在的风险和挑战。例如,隐私保护是一个不可忽视的问题。人形机器人在进行监控和巡逻时,可能会涉及家庭成员的隐私信息。因此,我们必须确保人形机器人在收集、处理和使用这些数据时,严格遵守隐私保护法规,确保家庭成员的隐私权益不受侵犯。

同时,我们还需要关注人形机器人的安全性和稳定性问题。由于家庭环境复杂多变,人形机器人在执行任务时可能会遇到各种意外情况。因此,我们必须确保人形机器人具备足够的安全性和稳定性,能够应对各种复杂场景和突发情况,确保家庭成员的安全。

第二节 人形机器人在教育与培训中的创新应用

一、人形机器人在儿童教育中的互动教学

随着科技的迅猛发展,人形机器人在各个领域中的应用逐渐展现出独特的优势和潜力。在教育与培训领域,人形机器人以智能化的交互方式和个性化的教学特点,正成为一股新兴的教育力量。它们不仅能为学生提供更加丰富多样的学习体验,还能有效提升教育教学的质量和效率。教育辅助类人形机器人,如图 9-2 所示。

图 9-2 教育辅助类人形机器人

深圳市优必选科技股份有限公司联合腾讯叮当、编程猫、微纳感知等合作开发了悟空机器人。在一些中小学的课堂上,悟空机器人正发挥着独特的教育作用。

在某小学的科技课程中,悟空机器人成为孩子们的新伙伴。它可以通过生动的语言和形象的动作,向孩子们讲解科学知识。当讲解太阳系的组成时,悟空机器人会一边展示各个行星的图片,一边用简单易懂的语言介绍行星的特点和位置。孩子们被它的精彩表现深深吸引,积极参与互动。

在编程教学中,悟空机器人也会大显身手。孩子们可以通过图形化编程软件,为悟空机器人编写各种动作和任务指令,例如,让悟空机器人按照特定的路线行走、做出各种舞蹈动作或者回答问题。这种方式不仅让孩子们在实践中掌握了编程知识,还培养了他们的创造力和逻辑思维能力。

第九章 人形机器人与家庭及个人生活的深度融合

此外，悟空机器人还可以在课外活动中陪伴孩子们。它可以和孩子们一起玩游戏、讲故事，激发孩子们的学习兴趣和探索精神。

儿童期是个体认知和情感发展的关键时期，而教育在这一阶段扮演着至关重要的角色。人形机器人以独特的互动教学方式，为儿童教育带来了革命性的变革。

（1）人形机器人能够通过逼真的外观和动作，与儿童建立亲密的互动关系。它们可以模仿人类的表情、语言和姿态，与儿童进行自然而流畅的交流。这种互动不仅激发了儿童的好奇心和探索欲望，还能够帮助他们建立积极的学习态度和自信心。

（2）人形机器人在教学内容和方法上具有高度的灵活性和创新性。它们可以根据儿童的学习特点和兴趣爱好，为其量身定制个性化的教学方案。通过融入游戏、故事、音乐等多种元素，人形机器人能够将抽象的知识具象化，使学习过程更加生动有趣。同时，它们还能够利用智能算法和学习分析技术，实时跟踪儿童的学习进度和效果，为他们提供及时的反馈和指导。

（3）人形机器人在儿童教育中还具有独特的情感陪伴功能。它们能够识别和理解儿童的情感需求，通过温暖的语言和体贴的行为，给予儿童情感上的支持和陪伴。这种情感陪伴不仅有助于缓解儿童的焦虑和压力，还能够促进他们的心理健康和全面发展。

然而，尽管人形机器人在儿童教育中的互动教学具有诸多优势，但我们也需要关注其潜在的风险和挑战。例如，过度依赖人形机器人教学可能导致儿童社交能力的退化，人形机器人教学的标准化和统一化可能会忽略儿童的个体差异等。因此，在推广和应用人形机器人进行儿童教育时，我们需要制定合理的教育策略和规范，确保其在提供智能化教学的同时，也能够充分考虑儿童的身心发展需求。

二、人形机器人在职业培训中的模拟实践

在职业培训领域，人形机器人的应用正在改变传统的培训模式，为学员们提供全新的、高度仿真的实践环境。通过模拟实践，人形机器人不仅能帮助学员们掌握实际操作技能，还能在安全可控的环境下进行反复练习，提高培训的效率和效果。

（1）人形机器人在职业培训中具备高度仿真的模拟能力。它们可以模拟各种职业场景和工作任务，如生产线操作、医疗护理、客户服务等。通过精确的模拟和还原，人形机器人能够为学员们提供一个真实感极强的实践环境，让学员们在实际操作前就能够对工作流程和技能要求有深入的了解。

（2）人形机器人在模拟实践中具有智能反馈和评估功能。它们能够实时记录学员们的操作过程，通过智能算法对操作进行分析和评估，为学员们提供有针对性的反馈和建议。这种智能化的反馈机制有助于学员们及时发现并纠正自己的错误和不足，从而更快地掌握实际操作技能。

（3）人形机器人在模拟实践中还具备高度的灵活性和可扩展性。它们可以根据不同的职业需求和培训目标，定制个性化的模拟场景和任务。同时，随着科技的进步和职业发展的变化，人形机器人还可以通过升级软件和添加功能模块，来适应新的培训需求和场景。

然而，尽管人形机器人在职业培训中的模拟实践具有诸多优势，但我们也需要意识到其潜在的风险和挑战。例如，模拟实践与实际工作环境之间可能存在一定的差异，学员们需要在实践中逐渐

适应和调整。此外,过度依赖模拟实践可能导致学员们对实际工作环境中的突发情况和变化缺乏足够的应对能力。因此,在职业培训中应用人形机器人进行模拟实践时,我们需要制定合理的培训计划和策略,确保模拟实践与实际工作相结合,提高学员们的综合素质和应对能力。

三、人形机器人在远程教育中的辅助作用

1. 人形机器人在远程教育中的技术应用

远程教育是现代教育体系的重要组成部分,其便捷性和灵活性受到了广大学习者的青睐。然而,传统的远程教育往往缺乏面对面的互动,导致学习体验和教学效果受到一定限制。而在远程教育中引入人形机器人,可为解决这些问题提供有力的支持。

(1)人形机器人通过高度逼真的外观和动作,为学习者创造了一个更加真实的互动环境。它们可以模拟人类的面部表情、肢体语言和声音,使学习者感受到更加自然和亲切的交流。这种交互体验有助于提升学习者的学习兴趣和参与度,从而提高学习效果。

(2)人形机器人具备强大的智能处理能力,可以根据学习者的学习进度和反馈,智能地调整教学内容和难度。它们可以实时分析学习者的学习数据,识别学习中的难点和错误,并有针对性地提供个性化的辅导和反馈。这种智能化的教学模式使远程教育更加高效和精准。

(3)人形机器人还可以通过虚拟现实(VR)和增强现实(AR)技术,为学习者构建一个沉浸式的学习环境。学习者可以通过人形机器人与虚拟世界进行互动,探索知识的新领域。这种沉浸式的学习方式不仅可以激发学习者的好奇心和想象力,还有助于提

升他们的实践能力和创新思维。

（4）在高科技应用方面，人形机器人还具备多模态交互能力，包括语音识别、自然语言处理、视觉识别等。这使得学习者可以通过语音、文字、手势等方式与人形机器人进行交互，实现更加灵活和便捷的学习体验。同时，人形机器人还可以与其他智能设备进行连接和协同工作，如智能黑板、智能投影仪等，共同构建一个智能化的教学系统。

优必选科技的开源人形教育机器人 Yanshee，作为人工智能和机器人的教学实训平台，已在全国范围内的上千所学校中支持机器人学、人工智能、机器学习、机器视觉、智能语音和服务机器人基础知识等领域的教学和实训。这款机器人能够将学生的编程效果通过人形机器人的动作进行实时呈现，帮助学生更好地掌握机器人运动控制和算法学习等技能。此外，优必选科技的悟空、Cruzr（克鲁泽）等人形机器人产品也被应用于支持中小学及高职院校的人工智能和机器人相关课程学习。

软银的 Pepper 机器人进入浙江校园，成为人工智能教育的实践学习平台。这些机器人可以辅助教师进行教学，为学生提供更加生动、直观的学习体验，激发学生的学习兴趣和创新能力。

广西柳州市将人工智能教育纳入中小学教育体系，在试点学校建设人工智能实验室，引入人工智能人形机器人，常态化开展人工智能、机器人教育等。学生可以通过与机器人互动，学习人工智能知识和技能，培养创新思维和实践能力。

2. 人形机器人在远程教育中的其他辅助作用

除了上述的技术应用，人形机器人在远程教育中的辅助作用还体现在以下几个方面。

（1）提供个性化学习路径。每个学习者的学习需求和进度都是不同的，人形机器人可以通过分析学习者的学习数据和习惯，为其制定个性化的学习路径。这不仅可以提高学习效率，还能帮助学习者更好地发挥自己的优势和潜能。

（2）充当虚拟辅导员角色。在学习过程中，学习者可能会遇到各种问题和困惑。人形机器人可以作为虚拟辅导员，随时为学习者提供解答和指导。它们可以通过自然语言处理技术和知识库的支持，为学习者提供准确、专业的解答，帮助他们克服学习中的难题。

（3）促进学习社交。虽然远程教育具有时间和空间上的灵活性，但也容易使学习者之间产生社交隔离。人形机器人通过有关程序进入在线社交平台或学习社区，可以将学习者连接起来，促进他们之间的交流和互动。这种社交互动不仅可以增强学习者的归属感和凝聚力，还有助于他们分享学习经验、互相激励和共同进步。

参考文献

[1] 熊有伦. 机器人技术基础 [M]. 北京：华中理工大学出版社，1996.

[2] 梶田秀司. 人形机器人 [M]. 2 版. 北京：机械工业出版社，2024.

[3] 刘旷. 当 AI 遇上人形机器人，产业化元年正式开启？[J]. 大数据时代，2024(3): 76-80.

[4] 陈雯柏，刘学君，吴培良. 智能机器人原理与应用 [M]. 北京：清华大学出版社，2024.

[5] 张自强，宁萌，张锐. 智能机器人导论 [M]. 北京：化学工业出版社，2024.

[6] 李俊霖. 优必选科技：人形机器人赛道，起风了 [J]. 科技创新与品牌，2023(9): 62-65.

[7] 蔡自兴，等. 人工智能及其应用 [M]. 7 版. 北京：清华大学出版社，2024.

[8] E 书联盟. 2024 年中国人形机器人行业研究报告：产业加速落地，应用范围广阔 [R]. 2024.

[9] 工业和信息化部. 人形机器人创新发展指导意见与解读 [R]. 2023-10-20.